U0542398

你可以链接任何人

李楠 著

北京联合出版公司
Beijing United Publishing Co.,Ltd.

图书在版编目（CIP）数据

你可以链接任何人 / 李楠著. -- 北京：北京联合出版公司, 2022.8
 ISBN 978-7-5596-6289-7

Ⅰ.①你… Ⅱ.①李… Ⅲ.①情商—通俗读物 Ⅳ.①B842.6-49

中国版本图书馆CIP数据核字(2022)第109940号

你可以链接任何人

作　　者：李　楠
出 品 人：赵红仕
责任编辑：管　文

北京联合出版公司出版
（北京市西城区德外大街83号楼9层　100088）
北京世纪恒宇印刷有限公司印刷　新华书店经销
字数256千字　800毫米×1000毫米　1/16　18.5印张
2022年8月第1版　　2022年8月第1次印刷
ISBN 978-7-5596-6289-7
定价：65.00元

版权所有，侵权必究
未经许可，不得以任何方式复制或抄袭本书部分或全部内容
如发现图书质量问题，可联系调换。质量投诉电话：010-82069336

目 录

序言一　与这个世界，保持高效的链接 / I
序言二　开窍了，人生才能开挂 / IV

1 关系是最好的资源

借助他人的力量，为自己赋能 / 003
有格局的人，能获得更多的资源 / 007
累积有效的资源，可以帮你制造商机 / 011
如何利用外部资源帮你变现 / 014
接触不同行业的人，帮你捕捉新风口 / 018
精准捕捉信息，进行前瞻性决策 / 021
我和 101 个投资人 / 024

2 有效链接：如何升级你的关系网络

关系链接公式：如何从无到有建立商业联系 / 029

通过有效的关系，获取有效的资源 / 033

怎样与他人建立"强关系" / 037

经营"弱关系"，拓展外部资源 / 040

提升好感度的核心：做最真实的自己 / 042

"三个管好"公式：让你成为更受欢迎的人 / 046

处理人情世故的水平，决定你人生的高度 / 051

人性洞察公式：通过细节和行为看透一个人 / 055

3 高效沟通策略：你可以打动任何人

【沟通思维】 / 065

沟通能力是训练出来的 / 065

如何建立正确的"沟通思维" / 068

【商务沟通策略】 / 071

初次见面攻略：有距离、有目的、有节奏 / 071

对方"咖位"比你高，如何快速达成合作 / 077

如何消除对方的戒备，达成共识 / 081

判断客户类型，帮你搞定所有谈判 / 085

商务沟通模型：三步打动客户 / 091

谈生意很难吗 / 096

商业谈判四步法：把对手变成合作伙伴 / 099

【价格谈判策略】 / 104

价格谈判策略：谈价格的核心，是讲关系 / 104

如何运用强关系谈价格 / 107

如何通过加强弱关系谈价格 / 109

如何建立可期待关系谈价格 / 111

远离价格谈判中的"绊脚石" / 113

【说服策略】 / 116

试图说服别人，正是你谈判失败的原因 / 116

说服公式：如何说服最"难搞"的人 / 121

4 高情商谈判法则：让情绪为你所用

情绪工具：如何掌控双方的情绪 / 127

牢牢把握你的底线 / 132

用眼泪冲走你的职场绊脚石 / 135

情商决定你的上限 / 140

高情商沟通模式：用高情商得到你想要的结果 / 142

玩转高情商谈判逻辑 / 146

摒弃功利心，帮你快速打动对方 / 152

共情是双方达成共识的基础 / 156

如何搞定强势的人 / 159

被别人误解了怎么办 / 163

让"不喜欢的人"为你所用 / 167

5 危机应对攻略：轻松处理沟通中棘手的难题

【合理拒绝】 / 173

如何不伤感情地说"不" / 173

提供情绪价值，让你体面地拒绝对方 / 176

提出不可能完成的任务，让对方主动说不 / 179

如何让本应该拒绝你的人，接受你的请求 / 183

活用谈判法则，让你轻松说"不" / 185

【挽回关系】 / 188

被人挖角，真的只是因为钱吗 / 188

别把情绪当交情 / 191

要把情绪当纽带 / 193

被挖角之后，你该怎么办 / 196

【解决冲突】 / 200

如何用沟通技巧化解矛盾和冲突 / 200

从来没有什么感同身受 / 203

解决矛盾和冲突，必须要忍让吗 / 206

留个"活扣"很重要 / 209

让竞争关系变为共赢关系 / 211

"化敌为友"的三个步骤 / 214

职场矛盾：遇到"职场 PUA"怎么办 / 218

6 职场关系管理：提升你的"软实力"

先做好自我管理 / 225

如何成为决策者需要的人 / 228

如何成为优秀的领导 / 231

好领导都会向员工"示弱" / 234

如何通过沟通管理团队 / 238

用好你的"内部大脑"和"商业外脑" / 241

创业，一定要选择对的人合作 / 244

如何选择靠谱的合伙人 / 247

7 打造 IP：用"裂变式"的影响力，链接更多人

IP 的本质：心智之争 / 255

我的第二次创业 / 258

用内容吸引大众，打破流量天花板 / 266

打造个人 IP 的方法 / 270

如何持续输出爆款内容 / 273

写在最后：我的成绩，你可以复制 / 278

序言一

与这个世界，保持高效的链接

相信很多人都是通过抖音平台认识我的。目前在抖音上，我的粉丝总数已经超过 850 万，曾经创下单月涨粉 200 万的纪录，而我全网各个平台的粉丝总数已经超过了 1000 万。同时，我还是观海商院的创始人和院长，也是 MCN 机构芭比辣妈的创始人。另外，我有一个明星合伙人，他是黄晓明。

我花了一年多的时间来写这本书。在这本书里，除了分享我的一些人生经历、创业经验、职场观点，我还用了极大的篇幅给大家分享了一个重要的话题：如何经营好你与外界的关系。

在我的商学院，很多年轻人会问我，有没有一项技能可以帮助他们更加顺利地抵达目的地。

我想，任何一个人取得成绩的因素都是多方面的，如勤奋、细心、聪明等。但我觉得有一个因素对我的帮助是非常大的，那就是懂得怎样跟外界打交道。

有人对全球五百强企业的 CEO 做过调查，调查访问他们现在取得此般成就，最重要的因素是什么，有百分之七十几的人都说是懂得经营人际关系。关于这个说法，我自己也是很好的例子。

在此，我想简单介绍一下本人的经历。我出生于一个普普通通的教师家庭，在2005年之前，我跟很多人一样，大学毕业之后就在北京的某单位做公务员。后来我不顾家人反对，到了某个奢侈品的门店做起了销售。再后来，我又跳槽到一家上市公司，从底层做起，直到成为品牌负责人；而后，我又进入一家上市公司并成为该公司的高级管理人员。2012年，我翻开了人生的新篇章，选择自主创业，直到今天。

回顾这些年我做出的一些成绩：从销售小白到连续三年的奢侈品门店销售冠军；从上市公司的底层员工，晋升到高管；创业初期，正值孕晚期，我挺着大肚子，从不认识1个投资人，到在三个月的时间里面谈了超过100位投资人，并最终获得了黄晓明的认可，拿到他的天使轮投资，成了他的合伙人，又接连拿下后面的几轮投资。

创业五年后，我创立的MCN机构在美拍平台蝉联第一。2019年，我下定决心从幕后走向台前，用了两年时间收获全网千万粉丝。

你肯定会很纳闷，我是怎样成为网红老板、怎样成为黄晓明的合伙人之一的呢？

我想告诉你，因为在这一路上，我遇到过很多的贵人。你可能会说我很幸运，但是在我看来，这一切都不是偶然，也不是靠运气。任何人想要抓住类似的机会，除了工作上的专业度，我觉得更重要的是懂得怎样跟外界打交道，让别人认可你、欣赏你、帮助你。

在多年与同事、领导、客户、合作伙伴和投资人打交道的过程中，我深深地感受到人际关系的维护有多么重要，尤其是在中国这样一个人情社会里，如果能够掌握与人沟通的方式和技巧，就能够给你带来巨大的资源，甚至可以从无到有，生出资源。这些资源，不仅可以帮助你更高效地获取成功，也可以让你的生活、工作、事业更加如鱼得水。

所以，我将我工作、创业十余年之中的待人接物、与人沟通上的经验和方法创作成了这本书。这本书，是我十余年来不断试错、踩坑，直到如今小有成就的经验之谈。

我自从创业以来，一次次遭遇失败，又一次次地爬起来，很多时候都用到了这本书中的方法帮我渡过危机。其实无论是我找投资人，还是创办MCN去签约网红，或者是多次创业转型，本质上都是在跟各色各样、各种层次的人打交道、做沟通。我相信你的工作和创业过程一定也是一样的。我作为一个普通家庭的孩子，一路走到今天，获得些许成就，也说明了我分享的这些方法都是可以借鉴的。

所以，我希望翻看这本书的朋友，都能意识到这一点：无论你年龄多大，最好从现在就开始学习怎样与外界建立联系。不管你是销售人员、广告从业者、媒体人，还是当下新兴的互联网运营、新媒体人士，都免不了要和外界打交道，并结合各种信息进行决策。因此你必须学会借助一切力量，这些力量会帮助你在这个社会上走得更稳更好。

有句话说："听过很多道理，却依然过不好这一生。"这是为什么呢？我想，是因为大家虽然听了很多道理，却没有真正去做，或者不知道该怎么做。

所以，如果你有缘翻开这本书，我希望你不仅是阅读一遍，更要用心体会其中的道理，用行动去实践。

希望我的分享对你有所帮助。

序言二

开窍了，人生才能开挂

我给商学院的年轻学员做演讲的时候，学员总会问我："成功的秘诀是什么？获得更多财富的规则是什么？"他们来自各行各业，眼神中充满了渴望，希望我能直截了当地给他们答案。我在他们这个年龄，也有过同样的渴望。

"你们想知道成功的秘诀吗？"

学员们纷纷点头，希望我尽快说出那个答案。

我说道："我把成功的秘诀归纳为一个词——开窍！"

每到这时，我都会停顿一下，观察学员的表情。他们大多疑惑地看着我。一半的人认为我在故弄玄虚；另一半的人则认为，在这里听我演讲，还不如出去玩几局剧本杀。

但这确实是我的心声，也是我的人生到现在为止最核心的方法论。

因此，在正式给大家分享经营人生、经营关系的诸多经验之前，我想先跟大家说说"开窍"这个话题。因为只有你真的开窍了，我跟你分享的这些技巧才能产生最佳的效果。

"开窍"有点像佛家所说的"顿悟"，它包括心智开窍、认知水平开窍；它能够让一个人从懵懂、被动的状态变成清醒、主动的状态，从随波逐流变成主动求索。成功的前提是行动，但是在行动之前，我们需要找到让你行动的动机是什么。

一旦开窍，你会发现你的人生可能会有一个巨大的蜕变。而我在这十几年间，在每个阶段都开了不同的"窍"。

1

我出生在一个没有任何背景的普通家庭。大学毕业之后，在父亲的建议下，进入了一个政府机关部门，成了一名从端茶倒水开始的小职员。

后来，由于受不了体制内的约束，以及复杂的人际关系，我选择了反抗父亲的意志，几乎是以和家里"决裂"的气势，离开了体制内的工作。辞职后，我开始了求职之旅，这之后，是长达十多年的迷茫时光。

我的第一份工作是在人才市场里找到的，在奢侈品店当销售员的工作，每天的工作重心就是帮顾客试衣服。在那家位于当时北京最繁华地段的奢侈品女装店里，我第一次体验到社会竞争的残酷，以及人与人之间各式各样的钩心斗角。我每天要第一时间想方设法地"锁定"踏进店门的客人，判断她们的财力和喜好，尽心竭力地为她们服务，促成顾客下单。

我还算机灵，也足够努力，经过了一年的努力，拿到了店铺里最好的成绩，每个月都是销售冠军，并升职成了店长助理。升职速度如此之快，也算得上这家店里的一个小奇迹了，但是，我依然没有找到自己的定位。我可以肯定，我不热爱这份工作，我所做的一切，只是为了向父亲证明自己，或者说是为了和他赌气，当然，最重要的是为了在北京生存下来。

直到有一天，我无意中看到试衣镜中自己给别人提鞋的身影，瞬间愣住了。看着这个既熟悉又陌生的自己，我不禁在心中问自己："李楠，当初挣脱樊笼、暗下决心、独自闯荡世界的你是为了什么呢？这难道就是你想要的生活吗？"

我开始思考我的未来。很快，我就决定辞职了。

从被动地为生计奔波转变为主动地规划自己的人生道路，从一个懵懂的年轻人变为有清晰目标的成年人，这就是我开窍的时间节点。

我常常会在给年轻学员的分享中提到这段经历。每次说到这里，我看到学员们的表情，都是从迷惑变成了瞬间领悟。然而，几乎每个人都经历过成长的迷茫，以及对前途的忧虑，很多人至今都没有找到属于自身开窍的时间节点。

很多人分享一些方法论，会讲到成功人士具备的各种品质，比如坚持、努力、运气，这些当然都是必不可少的，但我觉得它们都不是最关键的。如何去坚持，如何去努力，包括如何与人打交道，这些都只是表面上的"技术"，而我们首先要研究的，是如何让这些技术真正发挥价值，从而获得收益——你首先要开窍。

2

如果说仍没开窍的人是受情绪左右的，那么开窍之后的人的行为，就是被内在心智所主导的。你不会再因为不喜欢一个领导而选择愤然辞职，也不会因为别人不能贯彻自己的意图而半途而废。

以我为例，我开窍前后的人生完全是两种状态。开窍之后，我把自己以前的人生梳理了一遍，并且告诉自己，一定不能再这样继续浑浑噩噩了，我必须换个行业。但是，我除了有在体制内当公务员，以及在奢侈品店做销售的工作经历，完全不懂其他行业，我该如何转行呢？哪些行业适合我呢？

我复盘了自己毕业之后的工作经历，发现这些年我并非一无所获。不论是当小职员、奢侈品店销售员，还是店长助理，我与人打交道的能力都得到了极大的锻炼。所以，从销售员岗位辞职之后，我希望找到一个能与人打交道的工作，发挥我的长处。

在明晰思路之后，我开始大量地投递简历，而且都是以市场部岗位为目标。我以前只会做服务性的工作，对于市场部是干什么的，我完全不懂。如何成功跨行呢？我在网络上几乎收集了所有和市场部门岗位相关的资料，并且根据自己的理解，精心制作了PPT。

在这里多说一句：很多没有行业经验的人，喜欢对HR编造自己的工作经历。殊不知那些虚假的经历，根本逃不过内行人的眼睛。因此，你去面试的时候，如果有行业经验，那么必须把自己包装成行业专家，因为公司需要的都是懂业务、能替公司解决问题的人才。但是，如果你真的没有相关经验，最好实话实说。你清楚公司的需要，并且可以通过表达对公司的忠诚，弥补自己专业上的不足。

我的跨行面试很成功，面试的第一家公司就录用了我。

这次面试也很具有戏剧性，我还没有接受初试，但刚好第二轮面试的领导路过等候室时，看到了我手里打印出来的PPT，也许这个PPT做得还算精致，他多扫了几眼。我灵机一动，鼓起勇气问："领导，这个PPT我做得很认真，但还是感觉有些不足之处。不知道能不能请您指导我一下呢？"

于是，他拿着我的PPT翻了翻，居然给了我机会直接进入了二面。

在和公司领导的短暂交谈中，我揣摩出了高层领导的心思：高层领导非常在乎成本，因为将钱省下来，可以让企业活得更久。

所以我在面试时向领导表明了以下两点。

第一，我不在乎工资，我愿意主动降低薪酬，多少钱都无所谓。而且如果以后由我来负责公司的活动，我一定会给公司控制成本，我有能力花小钱办大事。

第二，我确实没有市场部的经验，不过我可以全身心地投入工作当中。我甚至可以无偿加班，只要能够尽快提升我的工作能力。

面试官听到这番表达，眼睛立马就亮了，当即录用了我。

这次跳槽经历，就像"开挂"一样顺利。因为开窍之后的我，非常清楚自己想要什么，从收集行业资料、用心制作PPT，到争取面试机会、揣摩面试官的心理、与面试官"谈判"，我所有的行动都是在围绕着我的目标进行的。

3

在这家公司的市场部沉淀两年之后，我选择跳槽到一家头部上市旅行公司，管理政府关系和媒体关系。

为什么总是让自己开启"困难模式"？因为我非常清楚自己的职业生涯到了瓶颈期，需要到更大的平台施展拳脚。

那时，我已经不再是初出茅庐的小白，但是我应聘的岗位依然和上一份工作有着较大的差别。我知道自己在专业性上比不上其他应聘者，因此我只能选择放低身段，付出更多的努力。

又是跨行业跳槽，难度相当大，但在精心地准备资料之后，我用真诚和实干打动了老板。我对老板说："从我以往的职业经历您可以看到，我非常擅长与人打交道，而我希望入职的这个职位就是需要具备这种能力的人。我会全力以赴地为公司工作。"

于是，我被这家上市公司录用了。

在这家公司工作四年，我从最基础的对内对外如何写邮件开始学习，一步步从员工成长为部门高管。大公司的就职经历，给我带来的收获是显而易见的：与人相处的能力、部门协调的能力、语言表达和写作能力，都有了质的变化。

更为重要的是，这段工作经历让我承接了重要的商业信息资源，积累了大量的人脉资源，并且使我了解了大公司的运作模式，也为我今后的创业打下了良好的基础。

4

每个人所经历的人生阶段都是不一样的,开窍的时间也不尽相同。

有的人始终处于懵懵懂懂的状态,一辈子也无法开窍。他们不知道自己的人生追求的是什么,永远浑浑噩噩,被时间推着走。

有的人可能前半生碌碌无为,后半生突然开窍,然后人生开挂。我所说的开窍,有点像灵光一现,像是在某一个特殊的时刻,自己把自己打醒了。心理学上认为,人的很多行为和反应都有一个触发机制,当你受到了外界的刺激,就会在短时间内产生一系列的反应。我认为,一个人的开窍也往往如此,如同我看到了镜子里"提鞋的自己"一样,心灵被击中,然后决心走一条新的路。

我希望,我们不要等到遇到了挫折,遇到真正刺激自己的事情才去转变。如果我在这本书中跟你分享的道理和方法可以让你真正开窍,那么你碌碌无为的时间就能大大减少。

哪怕你读完这本书之后依然没有开窍,我相信书中分享的知识和经验也可以给你有价值的指导。

1

关系是最好的资源

人的社会属性，决定了我们时时刻刻都在与外界进行资源交换。经营好人际关系，能帮助我们更好地获取资源、运用资源。

如果你身边的人同质性太高，是不能做成大事的。因此，我们都要走出社交的舒适区，与更多的人建立有效链接，累积多样化的人脉资源。

没有人是孤岛，借助他人的力量，可以帮助我们走得更远。

借助他人的力量，为自己赋能

"自己就能搞定的事，一定不要去麻烦别人。"
"人只能自己帮助自己，不要把希望寄托在别人身上。"
"每个人都很忙，不要相互打扰。"

以上观点听起来是不是很熟悉？当下人们的自我意识越来越强，有时候你似乎很难找到能帮助你的人。但是，这些观点真的正确吗？

没有人是孤岛。

人的社会属性，决定了我们无法脱离社会关系而独自生活，不管你的志向有多高远，你都不可能一个人到达目的地。任何领域的成功，不仅是在商界，都离不开找到能够帮助你的人。这也是我在开窍之后最重要的感悟。

对于不喜欢的人，你也可以和他建立有价值的链接。

我进入上市公司工作之后，遇到了一位非常强势的女领导，我对她称不上喜欢，但不得不说，她还是给了我很大的帮助。

我总结了她的优点：这个人很善于开会和协商，善于利用自己的八面玲珑抢资源。不论是开平级的内部会议，还是和甲方开的外部会议，会场永远是她的舞台。她形象非常好，情商高，说话时常常刚柔并济、软硬兼施；在和不同对象谈判时，她懂得什么时候该强硬，什么时候该示弱；在管理员工时，她懂得何时该收买人心，何时该保持距离感。

后来，她去大平台公司做了高管，我也离开了那家上市公司。但是，在和她打交道的过程中，我从她身上学到了创业需要的很多本事。不得不说，我后来的很多谈判技巧，也是从她身上学习到的。

在任何地方都有能给你提供帮助的人，但前提是你需要有发现这些人的能力。回顾我的职业生涯，我发现那些帮助我的人都不会主动提供帮助，而是需要我自己在工作当中留心观察、虚心请教。

如何判断他人对自己是否有帮助

你也许会说，我工作和生活中要接触的人太多了，该怎么判断一个人能否对我有帮助呢？

我觉得，既要看这个人的特点，也要看这个人的优点。有些人的优点不是那么容易发掘，这就需要我们有一双懂得发现的眼睛，洞察到每一个人身上的稀缺价值。

比如，有一类人特别喜欢钻研，有较强的忍耐力，并且不容易受情绪影响，也不太爱说话。通常，我们会觉得这类人"城府很深"，不太容易一下子拉近距离。

在和这类人打交道的时候，就要留心他们正在关注的东西。因为我们往往会发现他们特别喜欢研究一些新鲜事物，往往有着超出旁人的预判力，而他们所关注的领域，很有可能存在新的商机。在和这类人对话的时候，你可以在言语间挖掘新的职业方向。

再举个例子。我有个朋友，她曾经是一名平凡的企业职员，她有一个三岁大的女儿，她自己和大多数普通人一样，似乎没什么太多的优点。但是她有个爱好，特别擅长做手工，尤其是女童头饰等饰品。

这原本只是她日常生活中的一个小爱好，平时只是消磨消磨时间，偶尔在朋友圈分享一下。但慢慢地，她发现自己做的手工作品很受宝妈们的欢迎。

她开始尝试拍摄短视频，展示自己制作的漂亮的饰品，演示制作过程。很快，她的短视频吸引了大量关注，很多人私信她，问这些饰品能不能出售。

那个时候，我已经在做 MCN 公司了，我看到了商机，主动找她合作。后来，她从短视频转战到电商，曾经的小爱好竟然变成了她的事业。而在合作中，她也为我的公司带来了不少收益。

像这样的例子，我在创业的过程中遇到过很多次。

常常有人问我："楠姐，你怎么能找到这么多商业资源？你运气也太好了吧。"

其实，我只是商业嗅觉比较灵敏罢了，我意识到，**每一个看似普通的人，都有其独特的闪光点。你只需要将这些人汇聚到你身边，他们就可能成为你前进路上的贵人。**

让身边的人为你提供资源

网上流行一个词，叫作"内卷"。其大意就是，在一个狭小的领域，对有限的资源做激烈的重复性竞争。

我也经常听到有些小伙伴对我说："我所在的行业都快'卷'死了，现在要挖到对工作有帮助的资源真的太难太难，楠姐有什么好办法吗？"

每当听到这类问题时，我总是要问一句："你为什么不借助你身边人的力量呢？"

一个律师朋友小王对我说过他的一些经历。在开始独立工作的时候，他并没有像其他律师同行那样，盲目向外部开拓客户，而是和自己所在的律师事务所内部的资深律师搞好关系。

那些资深律师不仅客户资源丰富，而且由于找他们办案的客户太多，他们根本忙不过来。这时，这些资深律师就会第一时间想到懂事又能干的小王，把这些案子交给他处理。

小王也从这些小案子开始做起，逐渐把资深律师给他的人脉资源变成了自己的资源，然后慢慢扩大自己的品牌影响力，大概 4 年时间，他就成了经验丰富的律师。

你或许会觉得，这只是因为小王太幸运了，刚好遇到了愿意带他的前辈，而我想说的是，运气只会降临在做好准备的人的身上。当我们在抱怨行业越来越内卷、竞争越来越激烈、资源越来越难以拓展的时候，有没有想过转换一种思路？你觉得自己认识的人不多，那么为什么不试试从自己身边的人开始，以他们为起点拓展自己的人脉呢？

有格局的人，能获得更多的资源

你肯定听说过这些说法："一个人有多大的格局，这个人就能做多大的事。""世界上最宽阔的是海洋，比海洋更宽阔的是天空，比天空更宽阔的是人的格局。"但是，你问他们："格局到底是什么？"却很少有人能回答得出来。

"格局"听起来是个很抽象的词，但它背后反映的是实实在在的价值观和方法论。

我认为，格局就是能厘清舍和得的关系。有格局的人往往懂得先舍后得的道理，他们会毫不犹豫地舍弃眼前的小利益，将自己的眼光放在更加长远的大目标上。

同时，有格局的人也很清楚自己的目标是什么，并且能够在很长一段时间内，心无旁骛地向着这个目标前进。

当人们谈论起华为的时候，往往会赞叹华为的格局大。华为能够几十年如一日，专注于技术的研发和投入，这在中国的企业当中是很少见的。

任正非也曾将华为比作一只只会埋头前进的老海龟，即使道路两旁繁花似锦，也不曾抬头看过一眼，而是向着目标稳稳地迈出每一步。

其实，在华为的发展过程中，有无数次赚快钱的机会。那时候，许多企业在赚到第一桶金之后，都纷纷转向股市和房地产。

然而，华为却不为所动。事实也证明，华为的选择是正确的。当年那些只看到眼前利益的企业，现在大多已经不知去向，而华为却成了响当当的民族品牌。华为的成功，也是格局的成功。

做企业如是，做人也当如是。想成为一个有魅力的人，先要提升自己的格局。

做个能舍的人

如何才能提升自己的格局呢？首先，你要做个敢"舍"的人。

比如，一个粉丝在我直播的时候问我："我的老板欠我3000块钱，一直没有还钱的意思，但是我又想晋升，怕跟老板要钱之后老板给我穿小鞋。我真的好纠结啊！3000块对我来说不算小钱，我该如何选择呢？"

我告诉他："老板在选择员工的时候，员工也在选择老板。首先，你要分析老板是什么样的人，如果觉得他会给你穿小鞋，这钱就不能要；如果相反，则应该提醒他还钱。"

"这件事也是你去试验老板格局的机会，如果老板连3000块钱都不愿意还，你也就不必在他身上浪费你宝贵的时间和感情了。如果你的职业目标很清晰，暂时还不想放弃这份工作，那么你就需要学会舍，就当花了3000块钱给老板买了一件衣服，这么想也就不会再纠结了。"

当你无法改变对方的格局时，先让自己做个能舍的人。你自己的格局打开之后，也就不会被一些鸡毛蒜皮的小失和小利所困扰，可以留出宝贵的时间和精力，将其放在更有价值的地方。

能舍还要会舍

除能舍之外，你还要会舍。

有些人为了不得罪别人，但凡遇到一点事情，就选择妥协。这种人看起来格局很大，其实是个没有原则的"烂好人"。

会舍，意味着我们要在不放弃原则的前提下，知道哪些东西该舍，哪些东西不该舍。我们舍弃一些眼前的利益，目的不是讨好别人，而是换取更大的发展空间。缺乏格局的人常常会为蝇头小利而互不相让，自然也很少能吸引到优秀的人才。若想与优秀的人合作，就一定需要舍掉眼前的利益。

例如，项羽在一场战役结束之后，经常会拉着伤员的手嘘寒问暖，甚至把自己的战马让给伤员骑。但是，在需要封赏众将领的时候，却把方形的印信拿在手中，甚至印信的四角都把玩到磨成圆的，丝毫不肯放弃自己的利益。

这样的人可以舍弃一点小利，却不能算是有格局。因为他分不清哪些该舍，哪些不该舍。历代史书中对项羽的评价，几乎都是说他妇人之仁。

这样的人在现实中也很常见，比如我认识的一位老板，在开年时先告诉员工，只要好好干就可以得到6%的分成。但半年之后，看到公司业绩飞速上涨，又变成了给员工3%的分成。这样就挫伤了员工的积极性，导致大批员工离职。年底的时候，公司也倒闭了。

会舍也并不意味总是吃亏，有时反而会收到奇效。

在这里，我分享一个特别经典的案例。20世纪90年代，一家香港地产公司的在售楼盘，被消费者发现墙体有问题。这对于一家老牌的房地产企业来说，是致命的危机。

他们是怎样进行危机公关的呢？

这家企业的老板立刻召开媒体发布会，做出了一个令人不可思议的决定：紧急修复、重新加固墙体，并向所有购楼的消费者退款、赔偿，此外，还与他们签订协议，如果公司再盖新楼，这些消费者都有优先购买权。

短短几天，公司出现了可怕的资金短缺，同行和媒体都在嘲笑这家房地产公司的老板太傻。然而出乎意料的是，一个星期之后，这家公司开发的房子被一抢而空。

这家公司也一炮而红，只要是它家的房子，刚刚开盘就会被抢空。一场危机，就这样被转化成了一次成功的品牌营销。

敢于舍弃眼前的利益，你也许会痛苦一时，但是一时的痛苦，却可以获得外界的认同，换来持续一生的回报。

累积有效的资源，可以帮你制造商机

"楠姐！我明天就要开始创业了！我也要成为像你一样的企业家！"我的学员小李兴奋地对我说。

小李是个刚刚毕业的大学生，在听完我的创业演讲之后，当晚就约了几个哥们儿喝了顿酒，几个人在酒桌上当即拍板一起创业，目标是让企业在美国纳斯达克敲钟上市。

我看着眉飞色舞的小李，给他泼了一盆冷水："你的创业计划，很可能会失败！"

小李听了，马上就想反驳我的话。

我向他做了个暂停的手势，然后给他讲了另一个年轻人创业的故事。

创业不是请客吃饭

我的朋友夕颜是个典型的富二代，从小到大的人生被她的父亲安排得很妥当。她从英国的一家知名商学院毕业之后，就被安排到自家的公司工作，准备接手家族企业。

但是，夕颜这次死活没有再听父亲的话，在经历了二十多年被父亲支配的生活之后，她想要闯出自己的一番天地。

她不顾家人的反对，和几个朋友一起开始做自己的化妆品品牌。家族的资金支持，以往积累的大量人脉资源，看起来，一切都水到渠成。然而，不到半年的时间，由于研发投入过大，产品缺乏市场认可，公司亏损了上百万元。

8个月之后，夕颜的公司宣布破产。

听完这个故事之后，小李沉默良久，问道："那大学毕业之后就创业，真行不通吗？"

我对他说："我不建议你毕业就创业，因为你并不熟悉公司内部的规则和权利关系，对于产品研发和成本把控也没有任何经验。以这样的状态去创业，八成会失败。"

"那我应该怎样才能创业呢？"小李追问。

"你可以先进入一家同行业的公司工作，如果你选择大公司可以学会经营关系、积累资源、学习正规化的管理流程，进入小公司则可以学本领、分析、体验工作过程和积累创业经验。"我回答道。

先试着成为投资人

想要创业，可以先进入投行当一名投资经理。在投资的过程中，你可以大量了解创业项目、创业的整体流程，找准创业方向、积累投资圈人脉关系，并且能看到哪些项目是最热的，哪些项目是容易失败的。可以以投资人的视角和身份，重新学习和看待创业这件事情，你不会再像以前那样雾里看花、视角单一。这样，你在创业的时候，成功的可能性就会很大。

夕颜的故事还有后续，我分享给了小李，也想在此分享给阅读这本书的你。

夕颜在做化妆品失败之后得出了一个经验：如果对某个行业缺乏全面且深度的了解就直接创业，那简直开启了"地狱级"的难度模式。她打算重新开始，这次她不再盲目地投资了，而是去了欧莱雅集团工作。

她在公司的各个部门之间跳槽，全面了解化妆品的研发和营销。像欧莱雅这样的大公司，在做产品时，需要投入大量的资金进行迭代，要经过不断地自我否定，不断地尝试新品，才能成功研发出爆款产品。她回头想想，自己当初创业的那套思路，根本就行不通。

在了解了化妆品大公司的运作模式，以及自身的短板之后，她决定借助短视频的风口做自主品牌。于是，她从欧莱雅离职，进入了大型短视频平台公司工作，了解大平台和商家，以及短视频、流量端的运营模式。

在全面了解了化妆品和短视频流量平台的模式后，夕颜并没有着急创业，而是开始做投资人。她打通了所有的投资人脉，积累了大量投行的关系，为自己后来的创业项目找到了资金。

夕颜用了5年的时间，完成了全部的创业准备工作。她开始了第二次创业，现在她创建的化妆品品牌已经做出了很多爆款，第二次创业获得了成功。

想要创业成功，并非无章可循。从夕颜的经历当中，我们可以总结出以下经验。

第一步：进行创业准备，累积信息资源

这一步主要是进入创业目标行业的头部企业，学习对方的运营模式。在工作过程中，你要明确自己的目标，尽量把对你创业有帮助的岗位都了解一遍，这可以帮助你找到创业当中需要避开的坑，以及自身项目的差异化优势，同时，可以有效地帮助你积累资源。

第二步：成为投资人，累积行业人脉，寻找创业机遇

商业机遇的发现，则可以通过投资人的角色获得。在投资当中考察同类竞品，并且为自己的创业打好基础。

以上的经验，虽然不能保证你创业百分之百成功，但一定可以帮助你提高创业的成功率，少走很多弯路。

如何利用外部资源帮你变现

在一次直播当中，一位叫作浩哥的粉丝跟我讲述了他创业的经历。

浩哥一直做建材生意，但是最近几年建材行业不景气，所以他决定转行。他给自己设定了一个目标，要创建一个大家都需要的产品，然后用这个产品融资，在吸引一定的资金之后，把公司打包卖给别人变现。

什么产品是大家都需要的呢？浩哥选定了大米。

第一步，他开始查阅资料、收集信息，并和农业相关的朋友进行了多次沟通，最终选择了最适合大米生长的产地。

第二步，他对产品进行了跨行业的包装，并请清华大学的专家检验了大米的质量，为他的品牌背书，同时，给大米做了许多包装故事。

第三步，认真地运营公司，尽量让财务报表和经营流水更漂亮。

以上的三步之后，经过两轮融资，浩哥就找到了接手公司的人，然后退出，实现了股权变现。

你可能会认为，公司已经做得这么好了，转手变现多可惜啊，万一公司上市呢，错过了岂不遗憾？

当然不是，因为浩哥从始至终的创业目标都非常明确，那就是以最快速度变现。

他的创业经历之所以让我印象深刻，就在于他作创业决策的方式与其他人有着明显不同。他是先定下创业目标，然后从目标倒推，边实践边总结，在创业的过程中寻找机遇。

这种作决策的方式，我称为"逆向决策"。其可以用以下公式表示：

逆向决策＝确认目标＋调动资源＋实践纠偏

这个公式的核心在于，先找到你的创业目标，然后调动所有的外部资源向目标靠近。在靠近的过程中，你还要不断地调整方向，以免走偏。

很多企业家都喜欢用逆向决策的方法。比如史蒂夫·乔布斯在研发苹果手机之前，并未确定自己要做的产品是触屏的，而是希望制造出一款产品，让用户的双手按在手机上，就像抚摸肌肤一样舒适，由此他才产生了发明触屏产品的想法。

逆向决策法特别适合那些想要创业，但是没有具体项目方案的创业者。你可以尝试从目标倒推，找到你的创业方向。

如何找到最适合自己的决策方案

世界上并不存在完美的决策方案，适合你的决策方案才是最好的。在寻找决策方案之前，你必须先了解你是哪种类型的创业者。

我把创业者分为社交型和非社交型两类。

社交型的人由于交际广泛，获取的信息、人脉资源很多，面临更多的选择。社交型的人在作决策的时候，要学会做减法。因为一个人不能专注于一个领域则难成事。

非社交型的人与社交型的人恰好相反，他们需要学会做加法。他们要走入人群中，锻炼自己的社群思维。如果没有社交，决策的机会就少，必须打开自己的交际面，才能得到更多的决策机会。

决策不能只靠道听途说就一拍脑门，要分辨信息的正确性。当你不了解一个行业的时候，所谓的机遇都是陷阱。决策是个很复杂的过程，必须有一套行之有效的决策流程，才能避免决策走偏。

决策流程包括以下四步。

第一步：充分收集信息

好的决策首先要充分收集信息，但是不要着急作决策。

第二步：找行业中优秀的人交流

找行业中优秀的人交流，是决策之前的必经步骤。优秀的人不一定有多少专家头衔，而是必须自己实践过，并且不告诉你瞎话的人。在交流当中，我们尽量谦虚一点，与他们维护好关系，最大限度地了解行业的真实状况。然后，他们会告诉你，应该避开哪些坑。

第三步：分析自身的优势和劣势

第一步和第二步进行完之后，你已经基本掌握了行业信息。这时，你需要对自己的情况进行分析。如果你的优势正好是行业所需，则可以进入这个行业；相反，则要果断放弃。

第四步：作出决策

比如，我在看到短视频的风口之后，并未急着进入这个行业；而是最大范围地收集相关资料，把各个短视频平台进行了分析和对比。

另外，我找行业里优秀的人深谈过很多次，问他们怎么才能做好短视频，做的过程中有什么问题。得到的反馈有，做短视频需要投入95%的精力、团队要自己搭不能外包等。

接着，我对自己是否有特点、具有哪方面的天赋，都进行了详细分析。在这些事情都做完之后，我才决定投身短视频行业。

总之，学会利用外界的一切资源，包括人脉资源和信息资源，为你的目标服务，这是创业者的必修课。

接触不同行业的人，帮你捕捉新风口

　　小时候听过这样一则故事。村子的道路旁边有两棵李子树，村里的孩子都想吃树上的李子，但是没有人知道哪棵树上的李子是酸的，哪棵树上的李子是甜的。

　　一个小孩看了看一棵树下的小道，指着这棵树说："甜李子就在这棵树上！"小伙伴们摘下树上的李子一尝，果真如此。

　　看到这里，你肯定会说，这不就是"桃李不言，下自成蹊"的故事吗？这和风口有什么关系呢？

　　请你认真想一想，如果把李子树比作风口，把创业者看成摘李子吃的小孩子，那么大多数人都去摘李子的那棵树，它的果子真的是甜的吗？

　　我看正好相反，当风口越大的时候，留给创业者的机会越小。因为市场资源是有限的，越多的人参与竞争，你能获得的资源就越少。

　　就好比一棵树上的李子只有一百颗，别的孩子摘走了大半，留给你的就只剩下酸涩干瘪的李子了。

　　如果你在选择创业项目的时候，总是追着风口跑，那么得到的可能就不只有酸涩的李子，还有创业失败的苦果。

　　当然，我并不是让大家在创业的时候完全忽视风口的存在，而是希望创业的小伙伴们都能具备一双发现新风口的眼睛，尽早踏入风口行业。

2012 年，我跨入人生的新篇章，选择连续地自主创业。创业 5 年后，我签约了 200 多个网红，我的 MCN 公司蒸蒸日上，但就在这时，我下定决心从幕后走到台前，自己拍摄短视频，自己也当网红。

所有人都反对我："哪有老板跑去当网红的？！大家平时白天接触老板已经够了，晚上放松一下刷视频还看到老板，肯定没人爱看，做不起来。"

结果是，我用了两年时间，吸引了全网千万粉丝，做了大家口中"不一样"的老板。

我自认为我的决策还是比较超前的，对于新的风口，也有一定的嗅觉。

如何发现新风口呢？建议你在创业的过程中，多接触不同行业的人和事。对于风口要有预判，要用好奇心去与人交流来发现商机。不要去追那些已经被大多数人知道的风口，因为当你身边的很多人都已经发现这个风口的时候，恐怕早已经没有风了。要在刚开始的时候，进入这个领域，要让自己具有更加敏锐的嗅觉。

举个例子，我发现短视频风口的时候，并没有刻意去关注这个领域。那个时候短视频的概念才刚刚兴起，我在健身房里和其他顾客聊天的时候，发现短视频是个有潜力的行业，我猜测它很可能是个风口。于是，我转型搞短视频创作。

即使你不是创业者，也同样有发现风口的方法。你可以选择去风口公司工作，了解风口公司的运营模式，然后创建自己的公司。比如，你想抓住直播风口，你或许可以去一些带货主播的公司工作，在了解公司的运作模式之后，自己开始尝试直播带货。

发现了风口之后，并非就万事大吉了，你还必须了解风口、利用风口，才会获得最大的收益。风口带来的机遇，从来不会留给因循守旧的人，而是留给行业的破局者。

你若在面对风口的时候患得患失，就会失去机遇。即使自身能力再强，也需要拥抱变化。例如，在智能手机出现之前，诺基亚手机一度垄断了全球三分之一的手机市场。但是，在智能手机出现之后，诺基亚这位昔日的巨人轰然倒地，身体还留着余温。

反观发明了智能手机的乔布斯，其领导的苹果公司一开始是制造台式电脑的。乔布斯在看到了手机市场的巨大潜力之后，立刻转型研发智能手机。他既成了行业的破局者，也成了风口的最大受益者。

最后，面对风口，不但要有发现机遇的慧眼，还要具备破局者的思维和勇气。毕竟，李子是甜还是酸，只有吃下第一口的人才会最早知道。

精准捕捉信息，进行前瞻性决策

决策的前瞻性，并不取决于你对未来的把握，因为哪怕是最好的投资人和创业者，也无法准确地预测未来。我们对于未来机遇的把握程度，恰好源于你曾经做过的事情。以往的经历、客户、平台，都可以成为你获取新信息和新创意的抓手。

还是先拿我自己举例子。

我先聊聊我的第一次创业经历。我曾经在一家主营高端旅行的平台公司的市场部做商务拓展（Business Development，BD），在与一家影视公司的副总聊天中得知，中国儿童电影分级不成熟，这就导致中国的儿童电影市场上好电影很少，所以在那个时候，很少有家长带孩子去看电影。

影院因为儿童电影上座率低，也很少给这类电影排片，这就导致上座率更低，行业陷入了死循环。实际上，我们都觉得儿童电影在中国有着巨大的潜在市场，只是没有得到挖掘。

针对这个问题，我提出了自己的设想：先让观众在小程序线上预约；当预约满了之后，再包场看电影，并且给观影的孩子提供专属饮品、零食、小黄人3D眼镜、电影周边产品等；同时，给孩子们提供现场主持人和互动环节，以及配套的线下服务，让看电影变成了一次家庭、好友聚会，儿童社交活动。

先预约再观影的模式，降低了影院排片的风险程度；全方位的服务，最大限度地增加了用户的黏性，留住了大量的长期客户。这个商业模式推出之后，立刻受到了许多家庭的欢迎。

我能成为现在的"网红老板"，其实也是缘于以往的经历，甚至是并不那么成功的经历。

在做儿童电影O2O项目之后，我又转型做了关于产后恢复的O2O创业项目。虽然这个项目出于各种原因失败了，但我在做项目时，结识了一位客户，她是一个分享型的育儿网红博主。在和她闲聊的过程中，她分享了自己的操作步骤、遇到的问题，以及她的变现模式。那个时候，专门做网红服务的公司很少，看到了这个行业的势头，我立刻决定转型创办MCN公司，并且走上了打造网红、为网红提供供应链电商变现的道路。在这个行业，我算是比较成功的。

机遇无处不在，在聊天中可以看到机遇，跨行之后可以看到机遇，好的商业点子都是碰撞出来的，一个外行人，反而有可能拥有独辟蹊径的视角，提供更多不一样的思路。商业机遇也从来不是计划来的，而是随机捕捉到的，你必须让自己保持绝对敏感的商业听觉和商业嗅觉，才有生存空间。

机遇也不是等来的。看到我的例子，你可能觉得我找到创业的机遇纯粹是偶然的，但在商业的世界里，一切偶然的背后都隐藏着必然。如果没有长期地经营人脉资源，我不可能在闲聊中了解这么多有价值的信息。

所以，我建议每一个人都要尽量与各个行业的人交朋友，在向别人展示你的价值的同时，挖掘对方的价值。当下的商业环境当中，只有主动出击，才能了解更多的商机。

你可以先用非功利性的方式，主动建立自己的商业人脉网。想干什么事，就和什么人待在一起。当对方觉得你是个靠谱的好人时，他一旦有机会，就会第一个想到你。

即使你是个普通人，也需要把自己包装得不普通。先做好自己的普通工作，把普通的工作做到不普通，当你成为自己业务领域的专业者，别人同样也会认可你。这样，在别人眼中你便有了价值，你就可以得到更多有效的信息资源，从而挖掘出更多的机遇。

我和 101 个投资人

我的创业路,离不开外界对我的帮助,大家都说:"李楠,你真幸运,总是能遇到贵人。"

我想说,我的确很幸运,但这些好运也不是从天而降的。

1

至今我还记得我的第二次创业经历。

当时,我发现市场中没有产后恢复的上门服务类的专业机构,于是决定选择这个跑道创业。家里人几乎全部反对我,因为我那时已经有了8个月的身孕,加上第一次创业失败的经历,他们认定我这次创业也很难成功。

经过我的软磨硬泡,老公终于同意我再次创业。我们拿出100万元,但是他和我谈了一个条件,那就是这些钱一旦用完,就不能再投入了,到时候无论成功与否,都要及时止损。

果然,这些启动资金很快就花完了,我意识到自己必须要去融资。就这样,我逼着自己挺着肚子去见投资人。而那个时候,我一个投资人也不认识。

我先筛选了一遍朋友圈，找到那些有投资人资源的朋友，请他们牵线搭桥，并且承诺一旦融资成功就给他们报酬。

之后，我请他们给我做了一些简单的指点，比如见面时候的注意事项、如何写商业计划书（Business Plan，BP）、如何路演等。

2

一切准备就绪。

通过身边朋友引荐，我连续见了20多个投资人，结果很失败，没有一个投资人愿意投资。有人看到我挺着肚子，我的PPT都还没来得及打开，就摆摆手让我回去。我也理解，孕妇的身份让投资人觉得不靠谱——万一项目搞到一半，就回家生孩子了怎么办？

有一次，一个天使投资人机构的负责人邀请我参加她们组织的女性项目下午茶，但对方得知我是孕妇，直接婉拒。她对我说："孕妇是不能参加这次聚会的。"即使我强烈表达了想参加的意愿，对方也给予了直接的拒绝。这种直接的歧视，让我始料未及。

即便如此，我也没有选择放弃。我不断地尝试，不断地约见新的投资人。每次失败，都请求对方再帮助介绍一位投资人朋友给我。那段时间，我不是在见投资人，就是在见投资人的路上。

3

在某个深夜12点钟，朋友给我打电话说，有个投资人来北京出差，一整天都在酒店大堂看项目，这时可以给我一次面谈的机会。这是我见的第100个投资人。

我趁着老公出差、家人还在熟睡当中，蹑手蹑脚地起床，偷偷跑到了酒店大堂。见到投资人之后，我马上向他介绍了自己的项目。

投资人听完之后对我说:"你的这个项目本身存在问题,即使采用线上线下结合的方式也很难,而且地域局限性大,需要长时间的运营期。你现在这个身体状态,肯定无法操作这么大的项目,我觉得没有一个人会投资你的项目。说实话,我是看到你大半夜还跑过来,挺不容易的,所以才给你这个机会展示方案。但很抱歉,我必须告诉你这个事实。"

面谈结束,我拖着疲惫的身体走出了酒店,泪水在眼眶里打转。

我问自己,李楠,没有任何一个人会投资你,你真的还要继续吗?

毫无意外,我擦干眼泪继续前行,经过投资人的相互推荐,我结识了黄晓明以及他的投资公司负责人。但是孕妇的身份,让我在接连几次的沟通中都没能如愿拿到投资,直到我生完孩子的半年后,我自己组建团队,并开发了线上预约平台,开展了北京业务后,我再次找到黄晓明的投资公司,这一次我拿着业务和数据,用坚持不懈和不放弃,得到了对方的认可。

都说项目早期投资的是创始人本身,那么,我很好地验证了这一点,终于用业绩及坚持感动对方,拿到我的第一轮种子轮投资,他就是我见到的第 101 个投资人——黄晓明先生。

我得到了这笔投资,立刻把产后恢复的项目推动及扩大,而且做得还不错。我的第二次创业,以成功开启。

所有成功的创业者背后,都有一个心酸的故事。创业不仅要面对激烈的竞争,而且会在各种困难的情况下作出抉择。

我常常跟朋友说,创业者就像是一个守夜人,必须学会用你的左手温暖右手,熬过漫长的冬夜,才可能看到黎明的曙光。当然,你的付出一定会被外界感知到,你终将遇到你生命中的贵人,他会在你需要的时候,拉你一把,和你一起前行。

2

有效链接：如何升级你的关系网络

"认识更多的人"，并不意味着你和别人产生了真实的链接。如果你找不到有效的路径，参加再多活动和聚会也是徒劳。

真正的有效链接，是做真实的自己，洞察对方的需求，并依照"共识原则"，找准共同的利益点和目标，建立深度联系。

关系链接公式：如何从无到有建立商业联系

你被老板派到了一个陌生岗位，既没有靠谱的人脉资源，也没有经验丰富的老员工带你，而你还必须在很短的时间内做出业绩，面对这样的"地狱式开局"，你该怎么办？

这是很多人都遇到过的难题，尤其是对于没有半点资源的职场新人，这相当于接受了一个不可能完成的任务。

我在经营 MCN 机构的时候，就是从产后恢复行业转型的，可以说是没有一丁点儿现成资源可以利用。但是，我仅仅用了半年的时间就打开了局面，后来签下了 200 多个网红。

我是如何做到的呢？

我认为，人最大的本事就是"无中生有"，资源都是折腾出来的。

要从无到有获得资源，可以尝试使用一个"关系链接公式"：

资源链接 = 搭建人脉 + 识人 + 设定共同目标 + 以点带面

进一步拆解这个公式，主要包括以下四个要点：

第一步：主动出击，搭建人脉；

第二步：快速识人；

第三步：设定共同目标，制造共赢的机会；

第四步：认识枢纽型人物，以点带面打开资源。

下面举个例子。

第一步：主动出击，搭建人脉

你去参加一场商务会议时，如何能够结识人脉，找到自己想要的资源呢？

说说我的例子。

首先，如果我想要找到某个目标人物，我一定会提前做好这个人的背景调查。他是做什么的，公司怎么样，他近期有没有在媒体发言，讲了什么信息；他的爱好是什么，有没有什么忌讳……一切你能搜索到的信息，尽可能做个了解。

如何和他搭上线呢？我的建议是主动出击。

比如，我想和一个非常有影响力的 × 总进行合作，并且想办法和他的助理联系上了。

助理告诉我，× 总实在是太忙了，不过他今天会参加一个行业论坛，到时候可以看看他是否有时间。我立刻去参加了这个论坛，在嘉宾分享全部结束之后，大家都在酒店的大厅里各自攀谈。

我意识到，如果我一直在这里干等，那么很可能直到 × 总离开，也没有机会。

我必须主动出击，于是我径直走到 × 总跟前，眼神坚定而诚恳，对他说"您先忙，我等您"，一边说一边微笑着点了点头。

记住，跟人说话的时候眼神很重要，一定要足够坚定，带着一种力量，不能飘飘忽忽、畏畏缩缩。

"您先忙，我等您"这句话的目的，就是在初次见面时激起对方的好奇心，同时为后续的沟通做好留白，让对方的头脑中建立起对你的初步印象。

第二步：快速识人

搭上人脉关系之后，你需要对沟通的对象进行判断，也就是识人。

比如，你谈话的对象如果是个急性子，那么你的谈话最好开门见山，避免由于拖沓引起对方反感。

如果对方是个谨慎的人，那么你就需要寒暄几句。你与他可以聊聊刚刚行业论坛上的内容，找个共鸣点或者共同话题，为接下来的直入正题做好铺垫。

第三步：设定共同目标，制造共赢的机会

设定一个共同的目标，是建立人脉资源最重要的一步。很多人在见面之后和对方聊得火热，但是很难推进下一步的合作，问题就在于没有设定共同的目标。

如果你想对接资源的话，可以告诉对方，你有什么，能够给对方带来什么，希望和对方合作什么。

比如，我有非常不错的平台流量资源和成熟的供应链，您有多年的行业经验，我希望和您深度合作，让彼此共赢。

如果你想通过对方结识某个重要人物，可以对他说，我想认识谁谁谁，希望得到您的引荐。我可以给您和对方提供平台流量及供应链资源，也可以共享大量的优质客户，三方共赢。

当你抛给对方一个具体的任务之后，他就会开始衡量合作的轻重利弊，并且有可能开始行动。注意，你也可以通过这件双方共同做的小事，来判断对方是否靠谱。

第四步：认识枢纽型人物，以点带面打开资源

认识一个行业里优秀的人，就可以获取许多资源，这对于拓展资源而言非常重要。你可以特意去找那些枢纽型人物和机构，如律师、商学院、中介、销售、平台方等，逐渐将这些变成你的渠道。

当你在商业会议上结识了一个枢纽型人物且得到对方的微信之后，你们可以约定相互拜访。当你们的聊天逐步深入，对方如果向你释放资源，你可以伺机请对方创建微信群聊天对接。通过这个人结识一群人，这样就实现了以点带面的突破。

最后，我用一个例子演示一下我是如何运用这个公式的。

我在参加平台活动时，想要结识一位嘉宾，希望向这个人学习如何直播带货。活动结束之后，许多人围着这个人加微信，这时我并不着急，而是对他说："您先忙，我等您。"

等他周围的人散去之后，我走上前去对他说："整个分享的嘉宾里，只有您分享的部分真正打动了我。"

对方连忙说："过奖过奖，您是？"

我说："我们在一个群里，但是没加微信。"其实之所以这样说，是想说明我和他在圈层或者业务上是有交集的，从而迅速拉近双方的距离。

接着我抛出共同目标："我知道您的公司有直播培训的业务板块，我想成为您的合作伙伴（甲方）。"

对方听到之后，主动加了我的微信，并且和我约定了后续见面的时间。之后，我参与了他企业中的相关培训，并与他开展了更加深度的合作，达成了我心中的目标。

以上就是我在参加一场商业聚会时，利用"关系链接公式"获取资源的方法。

通过有效的关系，获取有效的资源

分享一个大家可能耳熟能详的小故事吧。

《纽约时报》的记者在一次采访当中问巴菲特："您认为是什么造就了您这位商业巨子？"

出乎意料的是，巴菲特并没有回答是因为他的商业导师格雷厄姆，或者任何一个成功的投资策略，而是毫不犹豫地回答："高尔夫球！"

小时候的巴菲特在一家高尔夫球俱乐部打零工，看到那些富人徜徉在高尔夫球场的时候，他总是问自己："我怎样才能像他们一样成功呢？"

在观察这些高尔夫球场上的富人后，巴菲特发现很多人并没有将高尔夫当成一项单纯的运动，而是作为获取资源的一项工具。他们可以在打球的同时，发现一个又一个商机，也可以给自己的孩子对接更好的教育资源。有的人甚至在打了一场高尔夫之后，就谈成了一笔上百万美元的生意。

那些背着高尔夫球包的富人，组成了一个隐形的关系网。凡是加入这个"俱乐部"里的人，都可以相互交换他们想要的资源。

于是，巴菲特改变了自己的工作方式，他不再只专注于小球童的打杂工作，而是有意和那些成功人士建立联系，把这份工作当成自己结交成功人士的契机。

那时候的美国正好处于"二战"后的复苏时期，股票投资市场方兴未艾。很多股票投资人都会在股票收盘之后，来高尔夫球场打球。

巴菲特会在这些投资人来打球之前，将准备工作做得很细致。他会试验每一个坡度的球速和方向，每天巡视一遍球场，会为来打球的投资人选择最好的打球位置，让他们赢得每一场比赛。

投资人也开始注意到巴菲特，并且逐渐喜欢上了这个孩子。这些人当中，有一位股票投资人很喜欢在打球时与巴菲特聊天，并且和他说说自己的股票交易策略。

巴菲特也在和这位投资人的交谈中，建立了对股票的初步印象。直到晚年，巴菲特还回忆道：正是那位投资人，为我揭开了股票投资的神秘面纱。这也正是巴菲特将自己的财富成就归功于高尔夫球的原因。

那时的巴菲特还是一名寂寂无闻的小小球童，却通过这份看似卑微的工作，积累了自己的第一笔资源——对股票投资的认知。

贫困不仅仅意味着没钱，还意味着你无法与那些能帮助你的人建立联系，没法从人际关系网中获得资源。如果你想改变自己的现状，就必须敢于主动去挖掘资源。

学会给关系分类

什么样的人更容易获得外部的资源呢？

与巴菲特一样，那些容易获得资源的人，往往都是有心人。你需要用心地筹划你的行动步骤，有计划地去识人、识资源，与资源方建立联系。

所谓识人、识资源，就是你要能判定这个人有你想要的资源，你能够和这个人建立深度链接，和他展开长久的合作。这是获取资源的第一步，也是最难的一步。

生意场中充斥着各种各样的信息，各色人等都会粉墨登场。面对复杂的商业信息和人际关系，若你不具备分辨的能力，就很容易"踩坑"。因此，你只有在明确对方真的有你想要的资源，并且能够相互信任的时候，你才能更加高效地建立关系。

你可以尝试在接触资源方之前，充分做好背景调查。从他过往做过的事情入手，了解他的真实实力以及所掌握资源的具体情况。也可以从他身边的人入手做调查，看看这个人的口碑。如果在背景调查的时候发现了这个人的瑕疵，那么就要在接触的时候更加小心。

在收集了足够多的信息之后，你需要将这些信息分类。按照信息的类型，采取行动步骤。例如，你可以按照资源方的信用程度，将他们分为高、中、低三个等级，然后优先考虑与人品好、靠谱的人打交道。

如何打造"高端关系"

在确定对方是你想要对接的人之后，在沟通的过程中，你要让对方看到你的闪光点，让他知道你可以在一些方面帮助他。

比如，我的一位朋友很擅长写文案，而有个老板因为业务拓展，正好需要文案高手。他就以此作为突破口，免费帮那个老板写出了一份高质量的文案。老板认为他非常靠谱且值得信任，和他建立了长期的合作关系，并主动提供资源去帮助他。

和这样的人打交道，需要投入足够的时间和精力，也需要找到合适的契机。比如，你可以创造机会让别人愿意主动帮助你。你约的重要的人迟到了，你要感到很开心。你可以告诉他："有机会等待您，是我的荣幸"。这时他会觉得对你有点小愧疚，后面你们的谈话会变得更加顺利。

我在和一位央视主持人相约见面时，对方迟到了两个小时。当这位主持人姗姗来迟时，我依然微笑着对他说："感谢您从百忙之中抽出时间来和我见面，能和您见面，我真的感到很荣幸。"对方不好意思地笑了笑，很明显，在接下来的谈话中，我们进行得会更加顺利。

此外，如果你想和有一定影响力和地位的人交往，除了让对方看到你的闪光点，还需要成为他们的贴心人。这类人平时的工作很忙碌，并且内心大多也是孤独的。如果你和他们有共同的爱好，愿意倾听他们倾诉，能给予他们理解，就很容易走入他们的内心。

怎样与他人建立"强关系"

有些刚踏入职场的年轻人问我:"楠姐,我经常出去参加业内聚会,但是那些大 V、大咖、KOL 根本不搭理我,我该怎么办呢?"

很多人误以为拓展人脉就是不停地参加各种活动,不停地加微信,收集无数的名片。但是,如果你找不到有效的路径,参加再多活动和聚会也是徒劳,别人根本注意不到你。

在商业聚会上,有些人可以收获一大堆的客户和资源;但是有些人看似加了一大堆人,却无法和任何人产生深度的链接。像这样的情况,我称为"消化不良型社交模式"。

这是为什么呢?因为那些善于拓展资源的人,将商业聚会变成了建立资源强关系的平台;而有些人只是去"打酱油"的,做的是无效社交。

如何验证关系的有效性

两年前,我去看望一位生病的合作伙伴,她躺在病床上向我展示她发的一条朋友圈——上面写着:这两天生病了,真的好难受啊!

这条朋友圈的下面,有许多人点赞和留言,祝愿她早日康复。但是,现实中一个来看望她的人都没有。

她十分感慨地对我说："我平时朋友也很多，还算一个社交达人，我以为这些年自己积累的人脉资源已经很多了，但是在我困难的时候，真正能帮我的，只有你一个人。"

很多小伙伴都存在同样的问题，感觉自己认识的人挺多的，但是在需要的时候，却一个有用的都没有。其实，这是因为你缺乏了搭建人脉资源的关键一步，那就是验证关系的有效性。

关系的有效性，不能靠逢年过节的礼节性问候来验证，只有当你遇到事情的时候，才能真正得出结论。当然，有效关系也分为强关系与弱关系，并不是说我们与每个人都必须保持强关系。我时常觉得，那些逢年过节给你群发微信的人都是弱关系，而真正的强关系反而不会在意这些表面化的礼仪。

强关系还有一个很重要的特点，就是会向你开放所有的资源，会向别人推荐你。他向别人推荐你的核心逻辑在于："我相信你，我愿意为你的信誉背书，我愿意把你介绍给我的朋友。"这种信任是持久的。当你遇到矛盾的时候，强关系会站在你的角度为你考虑。即使你不能给予对方充分的利益，你们双方的关系也不会打折扣。

与之相反，弱关系的维护基本上就在于你能帮对方解决什么问题，它是依据需求建立的，必须要以价值交换来维持。

找到共同点，建立强关系

实际上，与他人建立强关系并不困难，你只需要把握好一点，即找到你和想要建立强关系的资源方的共同点。要知道，资源并不是一个抽象的概念，资源掌握在具体的人手里。

你在拓展资源的时候，一定要从你想要对接的人入手，借鉴别人的优点，抱着向这个人学习的心态与其打交道。

值得注意的是，千万不要试图在一场商业聚会上，一下子和很多人建立链接，而是要花心思不断挖掘优秀的人。比如，你在参加一场商业活动的时候，只需要加一两个人的微信即可，这样可以和这些特定目标形成强关系，胜过认识很多人。

搭建强关系最忌讳的就是贪多，你应该深挖每一个人的优点。如果你只是想认识对方的话，是无法和对方建立强关系的。你要寻找和对方的共同话题，以及双方的共同点。比如，你们有共同的爱好，或者赞同对方的观点等。这些共同点，就是你们的链接点。

我有一个朋友是学土木工程的，但是他对商业理论和摄影非常感兴趣，尤其擅长人物摄影。于是，他利用业余时间学习了摄影技巧，并且经常参加一些商学院的课程和活动，在这些活动中免费担任摄影师。

时间一长，经常在商学院上课的老板们觉得他总是把大家拍得很美，在私底下就找他帮忙做定制的人物摄影。

通过摄影，他结识了很多老板，受到了大家的赏识。后来，有一个老板的公司刚好有个职务空缺，那个老板觉得他很合适，他就被挖过去了，薪资是之前工作的3倍。类似的例子在我身边比比皆是。

你可能会觉得越是高端的人脉，越不好建立强关系。其实，越是位高权重的人，反而不太看重世俗评价标准下的一些成就，而是喜欢实在的、有趣的人，因为跟这样的人相处，会让他们得到放松。

你要做的，就是在和这些人建立链接之前做好功课，充分了解对方的信息，找到你和他们的共同点，用你的真诚和对方沟通。

不过，强关系不是强求来的，而是积累来的，就像在沙子里淘出金子一样。你必须留心去维护和验证你的人脉，让时间帮你筛选出最可靠的人脉资源。

经营"弱关系",拓展外部资源

成为受欢迎的人,能够帮助你最大限度地吸引内部资源。接下来,你就要开始考虑如何拓展外部人脉资源了。我认为,在不同的人生阶段,应当采取不同的人脉资源拓展策略。

在年轻的时候,要多结交弱关系。所谓弱关系,就是双方相互认识,但是没有深度交往的状态。而强关系则是双方彼此了解到一定程度,在某一个阶段会进行利益捆绑,可以深度合作的关系。

有时候,弱关系往往比强关系更有用,因为弱关系可以帮助你突破既有圈层,掌握更多新的信息,给你带来全新的商业机会。在年轻阶段,最佳的人际关系策略是,认识大量来自各行各业的人,建立弱关系,组织起自己的人脉关系网络。

在你的年龄超过三十岁之后,你的社交策略也要随之改变。这时候的你不缺朋友,但是缺乏高质量的朋友。中年之后,你要进行更多的有效社交,将有限的精力放在更加值得结交的朋友身上。牛津大学的心理学家罗宾·邓巴(Robin Dunbar)曾经得出一个结论:人的平均认知能力决定了一个人实际上只能在同一段时间内,最多与150人保持稳定的人际关系。我们希望拥有很多很多朋友,但无论我们花多大力气去经营朋友圈,我们的微信好友哪怕都加满了，我们真正能够有效维持的好友也无法超过150人。

而且，人到中年，身体机能会逐渐下降，精力也会逐渐减少，你必须多建立有效的人脉关系。

比如，我的微信里大概有五个名叫 Tony 的好友，有一次，我约其中一个摄像师 Tony 拍短视频。对方到场之后，我才发现我根本不认识这个人。原来是因为我微信里的 Tony 太多，约错了人。虽然我后来和那个不认识的 Tony 成了朋友，但是这也无法弥补我损失的时间。

于是，我会定期整理我的微信通讯录，遇到我实在想不起来的人，我就会发一条微信："您好我是李楠，很抱歉我想不起您是谁了，现正在整理通讯录，您能提醒我一下吗？我给您做个新备注。"

如果对方不回信息，我也不会直接把他删除，但接下来一定不会给他任何关注了。如果对方回复了，我就会重新和他沟通，建立新的联系。

而对那些在工作中有合作的关系，我会经常进行维护。偶尔发个问候、朋友圈点赞，或者约出来喝个茶、送个小礼物等。

总结一下，年轻的时候，交友要广撒网，多建立弱关系，并且交友要有自己的目的性（目的性不是功利性），为你多积累一些信息和资源。人到中年之后，则要将更多的精力用于维护强关系，多结交那些志同道合的人、有希望成就你的人。

提升好感度的核心：做最真实的自己

坚持做自己，不要过度伪装

坚持做自己，这个话题可能是老生常谈，但非常重要。

一次直播连线，粉丝路路问我："楠姐，我弟弟总是处理不好职场关系，没人待见他，怎么办呢？"

她的弟弟是个职场新人，却经常想把自己伪装成"职场老油条"的样子，看见领导就笑嘻嘻地凑上前去递烟，偶尔还要扯上两句公司的发展战略。

平时也经常往老员工的圈子凑，专门挑人家爱听的话说。但凡开会，他都特别积极地展示自己的工作成果，而且言语间总是绕来绕去，最后把业绩都归功于自己的工作能力。

原本以为自己把公司的人际关系都维护得不错，结果自己越来越被孤立，大家晚上聚餐居然都不叫他。甚至有很多员工对领导说，这个新来的人不实在，千万不能和他走得太近。弟弟很困惑，明明自己八面玲珑，做得很好啊，为什么会得到这样的评价？

听完这个粉丝的疑问，我不禁问了一句："你的弟弟为什么不去做他自己呢？"现在市面上有很多教别人如何受欢迎的课程，大到情商培训，小到衣服穿搭。似乎只有把自己包装成另外一个人，才能得到别人的认可。但是，事实真的如此吗？

其实，成就越大的人，越希望你能够给他们展现你最本真的一面。随着我个人职业生涯的不断进阶，我遇到了越来越多的成功人士，我有个很深的体会是，和这些人打交道的时候，他们很少表现出虚伪和做作，更多时候，他们是在展现真我。

层次越高的人，洞悉人心的能力越强，这大概是他们见过了太多的人吧。在他们面前，你最好不要耍小聪明，不要故意说华丽的漂亮话，否则会给对方留下滑头、功利的印象。

所以，再好的伪装也禁不住时间的检验，想成为受欢迎的人，没有严格的套路和公式，我最核心的建议是，请不要过分包装自己，只要展现自己最真实的一面就足够了。

不要去迎合别人

你有没有碰到过这样一种人，刚开始你觉得他特别难接触，说话和办事特别直接，完全不考虑你的感受。你不太喜欢他，也不太喜欢跟他打交道。但到后来你慢慢觉得，他可能就是这样的人，并不是针对你。这样的人没有那么多弯弯绕，打起交道来也很放心。然后你就开始接受了他，开始接触他。

通过进一步接触，你突然发现他对待工作有他自己的想法，并且你还认可他这样的想法。到了最后，你逐渐开始欣赏这个人了，甚至愿意跟他交朋友。

可还有一种人，一上来就夸你，恭维你，"亲爱的亲爱的"叫着。刚开始你觉得特别受用，听着夸，还挺舒服的，蛮喜欢他的。结果你发现他对每个人都这样，再接着你会发现这个人并没有你想象的那么好。这个人八面玲珑，甚至滑头得很，如墙头草一般，来来回回左右逢源，没有自己的立场和观点，你最终一定会讨厌他，甚至放弃与他交往。

这两类人就像两栋房子：一栋的门口挂着告示，上写"内场刀枪棍棒、火药大炮，闲人请勿接近"。另一栋则写着，"欢迎光临，出入平安"，实际上屋子里都是机关陷阱。

我想，明智的人都喜欢和前一种人打交道，因为我们每个人都渴望被真诚相待。对于那些擅长阿谀逢迎的人，也许一开始会让你很受用，但是这种人一定很难长期相处，甚至要避免和他们共事。

我们的生活当中，从来不缺乏善于迎合别人的"鬼谷子"，也不缺那些喜欢使用各种话术的"营销大师"，更不缺乏喜欢把事情吹嘘得天花乱坠的"懂王"。然而，我们更喜欢那些知行合一的人，这些人让我们更有安全感，也让我们更加放心地和他们共事。

因此，不要去刻意迎合别人，要保持自己的独立人格，并且真诚地对待每一个人。请记住，真诚又能坚持本真，是每个做大事的人最终能成功的原因之一。

你真的会赞美别人吗

赞美别人可以提高一个人的受欢迎程度，但是你如果不懂得赞美的正确方式，反而会引起别人的反感。

请问，你在听到以下"赞美"的时候，心里是什么样的感觉？"美女你真漂亮！""老板你的工作能力实在太强了！""真没想到你的人脉这么广，厉害厉害！"我想，稍稍有些社会阅历的人都能听出来，这不是发自内心的赞美，而是典型的恭维。

我们生活在一个复杂的社会当中，偶尔恭维对方当然难以避免。但是，相比于赞美而言，恭维显然更加难以打动人心。比如，我在过节的时候，总会收到一些人群发的祝福短信。我相信，当大家收到这种信息的时候，大多数人不但不会感到高兴，反而会觉得反感。因为觉得这个人很敷衍，平时本就不怎么联系，过节的时候还群发祝福，这显然是没把我当回事，而那些附有称谓的定制祝福就显得走心多了，让人觉得更加舒服，能感受到对方的真诚。

恭维和赞美的区别就在于是否真诚，就像塑料花和鲜花的区别，前者即使做得再鲜艳逼真，也很难让人感到真实的美。所以，你夸赞对方的时候，一定要出于真诚，否则会起到适得其反的效果。

除此之外，赞美也需要讲究技巧，一定要把赞美的重点放在别人取得的成绩以及做过的事情上，而且尽量具体。

比如，在赞美一个人工作能力强的时候，可以说："您做的××项目难度真的很大，但是您却能在短时间内完成，真的很让我佩服！从您身上我学习到哪几个方面（具体列举）。"

当你把赞美的对象放在事上，而不是放在人上，对方才能够感受到你对他的了解，以及你的真诚、真情实感。这样才能让对方觉得你的赞美非常受用。

如果你确实觉得自己笨嘴拙舌，不知道如何措辞，我教你一个最简单的方法：一定要足够真诚地微笑，盯着对方的眼睛，对他说："真的很赞！"这种方法不一定会让对方印象深刻，但一定不会出错。

总之，想要成为一个受欢迎的人，一定要在交流中展现真我，不要去刻意迎合别人，而是要发自内心地赞美。用真诚去对待每一个人，你才能收获别人的温暖和善待。

"三个管好"公式：让你成为更受欢迎的人

你上学的时候，班里有没有这样的同学？他可能学习成绩一般，长相也平平无奇，却非常受同学和老师们的欢迎，班里不论有什么好事，大家都会想着他。

在职场中也是如此，总是有一些人，在公司里如鱼得水，好像可以轻易地获得领导和同事的信任。

这些受欢迎的人，总能比其他人更容易获得机会，资源也总是会被他们所吸引。因此，要拓展人脉资源，你最好把自己变成一个受欢迎的人。

受欢迎的人，一般都有哪些特点呢

我认为，主要包括以下三点。

其一，有着很强的业务能力，能解决别人无法解决的问题。有的人看起来没有什么过人之处，但是他一定具有这个特点，那就是喜欢帮助别人解决问题，急人之所急，这样他自然能获得大家的信任。

其二，对任何人都有亲和力，脾气和性格比较好，群众基础好，能够团结人。

其三，情商很高。这类人不刺头，也不会因为太强势而随意树敌。但是，他们会让领导知道，他们能帮助领导解决团队问题。

比如，领导下达了某个不可能完成的任务，你会怎么做？

有的人可能会直接拒绝领导，但是无论你的理由多么充分，在你把烫手山芋撇出去的同时，也失去了领导的信赖。领导会觉得，这个人没有担当。

但有的人可能会对领导说："这是我们责任范围内的事，我们主动承担责任。"

"这些是我的下属，我能搞定这些问题，请领导放心！"像这样能扛事、乐于帮助别人的人，在任何团队内都是健康细胞，怎么会不受大家的欢迎呢？

我有个同事小朱在部门里特别受人欢迎，因为他非常乐意帮同事排忧解难。

有一次，一个客户约好了签订单的时间，但是时间到了的时候却爽约了。

部门里跟进这个单子的同事急得额头直冒汗，白白浪费了自己一上午的时间不说，这个单子如果黄了，那这个月的KPI肯定完不成，整个部门都要受牵连。

小朱却留了个心眼，并没埋怨客户，而是主动把这个棘手的事情揽了过来，告诉同事这个问题他尝试去解决，并安慰同事不要着急。

小朱立刻给客户打了个电话："李总您好，您今天上午没有来赴约，是不是遇到什么事情了？有没有我能够帮忙的呢？"

"实在不好意思，小朱，我今天没去赴约确实有事！"

"没关系的，我们都能理解，那有什么我这边能帮忙的吗？"

"我家的小狗突然生病了，保姆又不在，我没时间带它去看病，现在正发愁呢。"

知道了这个消息，小朱马上打车到客户家，带着小狗找到了一家宠物医院。他把这件事情解决之后，不仅帮同事解了围，还给部门留下了一个大客户，他之后的很多单子也都来自这个客户。

想要成为受欢迎的人，还应该记住以下"三个管好"公式：

受欢迎的人 = 管好嘴 + 管好手 + 管好领导关系

一、管好嘴

不要说领导的坏话，不要说破坏团队团结的话，因为你永远不知道谁是领导的眼线。

我上次创业的时候，公司有个员工小慧能力出众，但是特别爱传小话，经常拉着公司里的姐妹一起开小会。每次聊天的内容，除了娱乐八卦，就是非议公司领导。

公司的副总是妻管严，什么都听老婆的；运营部的总监是靠关系进的公司，自己没有一点本事等，都是小慧经常念叨的话题。

小慧以为这些话都是说给姐妹们听的，肯定不会被传出去。结果公司每次评奖评优都没有小慧的份。

上个月的业绩评优，小慧又落榜了。她跑到领导办公室闹情绪："我的业绩明明高其他人一筹，凭什么业绩评优没有我？"

领导把她传的小话又原封不动地对她说了一遍，并告诉她，像她这样的员工，即使业绩再好，也是破坏公司团结的不安定因素。

结果，小慧在离职那天都没想明白，原来自己大嘴巴传出去的那些话，恰好是自己最信任的姐妹报告给领导的。

所以，管好嘴真的非常重要，"祸从口出"不仅是一句俗语，更是几千年来的职场生存经验！

二、管好手

不断提升自己的业务能力，能够解决别人无法解决的问题。

不管是领导还是同事，都特别喜欢能帮自己解决问题的人。哪怕是会做 PPT 这样的小技能，也能让你获得领导的信任，以及同事的欢迎。

我公司的一个实习生小雷刚刚来公司的时候特别不起眼，其貌不扬还少言寡语，完全不能引起我的注意。

直到有一天开例会的时候，我发现那天的 PPT 和往常相比，不管是色彩、样式还是布局，都发生了很大的变化。原本做得很粗糙的 PPT，突然变得高大上了。

我随口问了一句："这 PPT 不错，是谁做的？"

不起眼的小雷举起了手，腼腆地笑了笑。自那之后，我便对这个实习生有了初步的印象。

后来，小雷充分发挥了自己的技术优势，不仅爬虫玩得很熟练，而且经常能解决一些短视频后期制作的难题。

慢慢地，这个当初不起眼的实习生，成了公司的技术"一哥"。

小雷并不善于交际，但是人却特别受欢迎。其根本就在于他能用自己的专业能力，帮助领导、同事解决实际问题。这样有"硬功夫"的员工，不论在哪个公司里都能吃得开。

三、管理好领导关系

不要跨级别做事，不要因为自身的利益影响其他部门，而是用工作成果向上管理你的领导。

向上管理领导是一门大学问，也是决定你受欢迎程度的关键一环。我们小时候都看过《西游记》，其实孙悟空就是管理领导关系的典型案例。

当弼马温的时候，悟空觉得怀才不遇，遭到不公正待遇，只会用武力向天庭"越级汇报"。结果，一场大闹天宫让悟空被压在五指山下整整五百年。但是，西天取经路上，悟空严格遵守汇报层级。遇到妖怪之后，先找土地，再找观音，实在难办才找如来。这看似是圆滑世故，实际上是在遵守职场的游戏规则。既给足了各位领导面子，又把事情妥妥地办成，堪称一举两得。

向上管理也是有技巧的，相比于直接用言词汇报，用工作成果向上管理你的领导才是更好的方法。

你的方案一开始没有被领导采纳，这时候不要急着提出异议，而是等这版不合适的方案流产之后，再用心地将自己做出的全新方案提交，直至问题解决。

领导看到你的工作成果之后，自然对你的贡献心里有数，这比你的一份措辞精彩的报告更有用。

处理人情世故的水平，决定你人生的高度

一次商务合作结束之后，项目方的负责人请我给他们的新员工做一次职场经验的分享。在提问环节，一个年轻员工对我说："楠姐，您闯荡江湖这么多年，您觉得什么是江湖呢？我们这些初入社会的人，需要注意什么呢？"

我沉吟了片刻说道："刚踏入社会，这几点要记住：不要高估你和任何人的关系，再苦再累咽在肚子里，没人会同情你；小事要忍，大事要狠，不要轻易去相信任何人；靠谁都不如靠自己；做好自己的事情，不要在意别人对你的看法；答应别人的事要努力做到，别人答应的事听听就好。"

年轻人听完之后说："记住了，楠姐，社会好复杂啊！"

我笑了笑说："选择比努力更重要，做正确的事情，比把事情做正确重要得多。社会是一个利益场，千言万语一句话，江湖就是人情世故。"

有人的地方就有江湖，闯荡江湖的过程，也就是处理人情世故的过程。

共识原则：如何应对复杂的人心

要处理好人情世故，需要怎样做呢？我认为，首先应当遵循共识

原则。

有一次，一个陌生人加我为微信好友，希望和我旗下的一个达人见面聊合作。对方说他是从我的一个好友那里要到我的微信号的，而且我的好友已经向他保证能见到那位网红。这个要求显然违背了我的职业准则，我不可能同意。

这个问题不好处理的地方在于，如果我直接拒绝了他，肯定会伤害朋友的面子，我和朋友的关系可能也就走到头了。但是，我答应了他的请求的话，在商业上很不妥，这其中会存在较大风险。

我思考片刻之后，选择了礼貌地拒绝他。我对他说："十分抱歉，这违背了我们的行业规则，恕我不能满足您的要求。"我这样处理，是因为即使拒绝了他，我也不会有什么损失，而且维护了我的职业操守。

那么，我如何在拒绝陌生人的前提下，依然能够维护和朋友的关系呢？面对这个困境，我首先想到的就是用共识原则来解决。

我打电话告诉我的朋友："以后能否在把我的联系方式告诉别人之前，提前和我商量一下呢（问责）？你答应他的要求，确实违背了我的职业操守，所以我真的不能答应他（寻求理解）。但是，希望这件事情不会影响我们之间的关系，也希望得到你的理解，同时也请你向你的朋友再次解释一下，后面欢迎他与我的公司继续探讨合作（寻求共识）。"朋友在听完我的这番话之后，立刻表示理解，并且妥善处理好了这件事。

以上的回答，我分了三步：

第一步是给朋友情绪压力，向他问责；

第二步是寻求他的理解，解释我的为难之处；

第三步尤为重要，这也是我这番话的目的，即告诉他："我们依旧是自己人，你一定能帮我解决好这个问题。"这是为了让他站在我的角度看问题，彼此达成共识，矛盾就解决了。哪怕他心里还是有不满，也会自己消化这种情绪，不会只怪罪于你，同时，他也会反思自己的问题。

人情世故复杂，因为人心很复杂，我们的应对模式也非常多变。但如果你非要让我给出一个最简单的方式，我会告诉你，你只需要把握一个原则就能应对自如了。

共识原则的核心，就是把对方变成自己人，让双方为彼此着想。只有达成共识，才能产生共情，彼此才能有最基本的信任，一切矛盾也都更容易解决，在理智上，才能从共同的利益出发，找到双方都能接受的解决方案。

不做"聪明人"，吃亏是福

既然达成共识是处理好人情世故的基础，那么如何达成共识呢？我认为，学会吃亏很重要。很多人把甘愿吃亏的人看成傻子，我却觉得愿意吃亏的才是有大智慧的人。

我自己就常常做一些"吃亏"的事儿。比如我曾经和一位较有名气的投资人合作时，并没有在估值上面计较，而是主动降低估值，将更多的股权留给了对方。因为我知道，相比于这些股权而言，投资人的影响力显然是我那个阶段更需要的。我只是牺牲了一点眼前的利益，换来的是更大的发展空间。后来的事实证明，我的选择是对的。

还有一次，我与一家短视频公司的老板谈合作时，对方足足迟到了两个小时。换作别人，也许会因为自己被怠慢而感到气恼。但是我却觉得心中窃喜，因为我可以利用对方迟到的愧疚心理谈成这次合作。

那位老板姗姗来迟之后，不好意思地对我说："实在不好意思，让你久等了，有什么我能帮你的吗？"

"您是前辈，我等您是应该的，很荣幸。"原本我希望得到他的投资，但是他婉拒了，我顺势拿出了我的BP，继续对他说："作为晚辈，特别希望能得到您对我这份计划书的指导，是否可以请您帮我看看这份

BP 呢？"

  对方点头答应了，在看我的 BP 过程中，我趁机把项目的优势和能够给他这样的平台公司的价值和盘托出，并把我此次想要引进的资金并不高这点体现出来。最后，这位前辈认可了我的项目，认为有合作价值，我顺势邀请对方做我的创业导师，顺利搭上了合作关系，并最终得到了他的投资。

  现在斤斤计较的"聪明人"很多，这些人看似占了便宜，实际上是输掉了长远利益。而那些愿意吃亏的人，却可以给人留下谦虚、厚道的好印象。请问，谁不愿意和一个宽厚的人打交道呢？

  即使对方占了你的便宜，他的心理也会产生愧疚感。而你恰好可以利用这份愧疚感，适时提出你的诉求，从对方那里获得更多的价值。

  总之，江湖是由人组成的，说复杂也复杂，说简单也简单。你要想在江湖中闯出名堂，就必须学会处理好人情世故。而达成共识实现共赢，才是人情世故的最高境界。吃点小亏、放弃一点眼前利益，是达成共识的最好途径。

人性洞察公式：通过细节和行为看透一个人

在年轻的时候，我们要建立更多的"弱关系"，但这并不意味着你要"来者不拒"。无论是日常交往还是商业合作，你都要有意识地对你的关系网进行筛选和优化，要有意识地做做减法，这可以帮助你减少"被坑"的概率。如何筛选呢？首先就要学会精准地识人。

尤其是有一些人，他们一直戴着面具生活，会在短时间内蒙蔽你。等到你发现他"原来是这样的人"时，很可能为时已晚。

因此，我希望帮你练就一双识人的慧眼。

你的眼睛会撒谎吗

很多人觉得我是个很刚强的人，但是我也有很脆弱的一面。

还记得我最初尝试直播带货时，遭遇了事业上的滑铁卢，我陷入了对自我的否定。

连续几次直播，成绩都不理想。有一次，我卖力地播了6个小时，但是由于不了解话术，直播间被限流，加之销售经验不足，我的销售业绩非常惨淡。

那场直播接近尾声的时候，我难以掩饰自己的挫败感，背过镜头眼泪忍不住流了下来。但还是被很多观众发现，我感觉很难堪，动情地在直播间说："我一直学习直播带货，没想到努力了一段时间还是做得不够好。我觉得压力很大，没有忍住情绪很抱歉！"

我说的这番真心话并没有得到现场观众理解，甚至有不少人留言说："这个主播至于这样吗？这年头，卖惨也不好使了！""你做短视频圈粉，就为了收割粉丝啊？你这也太假了吧！"

看到这些不友好的言论，我先是感到错愕，但是迅速平复了自己的情绪，对发这些言论的观众们说："感谢你们的关注。楠姐希望你学习的不仅仅是视频中的干货，你也可以看看我是怎么接受新鲜事物、怎么通过直播赚到钱的。而且，我会继续学习直播带货，我还会在直播中带好货，分享职场经验、做生意的经验，还会推出相关的商业课程，对你会很有帮助。很抱歉刚刚让你们看到了我脆弱的一面，刚才确实是我真实的状态，你看到了一个真实的我。我想，只有朋友才会以诚相待。"

说完这番话之后，我直播间的热度开始不断升高，下单购买商品的人也开始多了起来。直播结束的时候，我的销售额破了纪录，取得了开播以来的最好成绩。

看完这个案例，你是不是感到很诧异？为什么你真情流露、展示最真实的自己时，别人反而会觉得你假，在你使用了恰当的表达方式之后，大家却纷纷买账？

其实，每个人都无法看到事实的全貌，他们只能看到他们想看到的事。因此，你所看到的东西，并不一定是真相。这个道理可以给我们以下两点启示。

第一，你不能指望别人都能理解你，因此，你要学会用最精准的语言来传达自己真实的意思，避免误会。

第二，我们无法轻易看穿任何人，这就要求你必须有一双慧眼，在人际交往中最大限度地看破一个人的本性。

关于第一点，我在后文里会提到。在这里我先说说第二点。

人性洞察公式：通过细节和行为看透一个人

如何让自己看穿一个人的本性呢？我给大家分享一个洞察人心的公式：

洞察人性 = 细节 + 行为结果

你只需要掌握这个公式，就能看透绝大部分人。

这个公式包含了以下两种方法。

第一种方法：运用细节效应

法国心理学家菲利普·图塞在其著作《行为语言学》中指出，一个人的微动作、微表情可以准确反映一个人的心理活动。

比如，一个人缺乏眼神交流意味着对方内心感到不安，因此很可能是撒谎的前兆。而过长时间的眼神接触，则是对方为了取信你所做出的假象，此时他的脸部肌肉会非常僵硬，眨眼频率会大大减少。

又如，一个人在说谎时，他往往会关注所编故事的过程和结果，而忽视其中的细节。所以，我们可以通过在谈话过程中突然提问一些细节来判断对方是否在说谎。比如，你的伴侣说晚上在加班，那么你可以问："你晚上加班饿不饿？点了什么外卖？"通过这些细节可以很容易查证对方是否在说谎。

人类脸部有很多肌肉往往不能被自如控制，因此观察这些肌肉，就可以判断对方表情的真实性。比如眉头就是一块可靠的肌肉，通常人类是无法自如地控制这块肌肉的，如果有人用语言和面部表达某种情绪，但是他的眉头没有动作，或者延迟动作，那么他可能是装出来的。

除了通过动作和表情洞察一个人的内心，你还可以观察他的行为习惯，来判断一个人的本性。比如，你可以观察他对其他人的态度。

曾经和我初次合作的一个渠道商，他对我毕恭毕敬，热情周到，交往时也很有素养。但有一次我们一起吃饭时，我发现他对餐厅服务员呼来喝去的。如果服务员上菜慢了一点，他就很不耐烦，甚至追出去骂骂咧咧，这次饭局后，我立马找理由终止了与他的合作。在生活中，对于这样的人，我从来都会选择敬而远之，因为这种人缺乏对别人，尤其是身边普通人的尊重，做起事来也往往没有底线意识，你不知道他们哪天会给你挖坑。我坚信"以小见大"。

第二种方法：通过行为效应来判断

一个人的语言容易掩饰他内心的真实想法，但是他的行为却很难撒谎。弗洛伊德说过一句话："任何人都无法保守他内心的秘密。即使他的嘴巴保持沉默，但他的指尖却喋喋不休，甚至他的每一个毛孔都会背叛他。"一个人内心的秘密，也许能够被语言所掩饰，但一定会通过行为体现出来。我们通过观察对方的行为，就可以推断出对方的真实意图。

尤其在商业活动当中，看这个人的行为结果，可以很容易地判断这个人是否值得合作。

我在开始转型做 MCN 公司的时候，曾找过一个合伙人。他嘴皮子非常厉害，对行业趋势的分析、商业规划总是说得头头是道，而且他逻辑性强，很爱画黑板，也总是拍着胸脯跟我说："楠姐，你放心，把事情都交给我，我在这个行业很有经验，一定不让你失望。"

那时候新业务刚起步，我对于行业的一些概念也都似懂非懂，无法从和他的对话里判断信息的真假，但是他的言语表情都显得很真诚，所以我选择无条件相信他。

后来，我发现他阳奉阴违，在我面前总是装作一副非常忙碌的样子，在背后却经常偷懒。他竟然和与公司合作的一个网红谈恋爱，还骗我说自己的父亲生病需要照顾，请了半个月的假，但实际上是和那个网红结伴去泰国旅游了。

他们大约是按捺不住心中的浪漫和幸福，还在朋友圈发了游玩的照片，虽然这些照片设置了对我"不可见"，但这个世界上没有不透风的墙。

我掉过头重新检查他所有的工作，发现更多是在进行中，少数完成，可以说做得一塌糊涂，之前所谓的业绩也完全是在装样子，我找到他谈话，他表示都是公司方面的原因和下属的原因，让我看到了他的真实面目，他毫无担当。然后，我果断结束了两个人的合作，而他也成了被我公司开除的第一个合伙人。

我曾无条件信任他，免费赠予他公司股份，为此我支付给他高达20万元的股份回购金。这次解约，我和他签订了竞业协议，但他还是拿着我和公司的资源人脉跳槽到了我的对手公司，开始挖我签约的网红，并到处造谣我不理解他父亲生病而请假，曾克扣他的工资，然而他忘记了工资和回购金的银行账单可以说明一切。至此，他的人品可见一斑。

在这件事情上，我也进行了反思。

为什么我会被他蒙蔽呢？我想，这是因为我在选择合作方时，由于了解不够深入，对他缺乏长期的判断。由于我那时刚刚转型开始做MCN公司，对业务并不熟悉，因此存在信息差，被他天花乱坠、一套又一套的"行业术语"所欺骗了。当我们无法从逻辑和语言上判断一个人时，就只能从行为上判断，我不敢说他对于行业的洞察是否准确，但他的行为和结果告诉我，他绝不是一个靠谱的人，谎话连篇。

自这件事之后,我再也没有犯过类似的错误,我意识到,日久也许不能见人心,但"事久必见人心"。

人性复杂而且深刻,是一个永远讲不完的话题。但是,如果你想在生意场上看透一个人,不妨试试我的人性公式,也许会让你在洞察人心上收到奇效。

共同做一件小事情

有时候,我也会用共同做一件小事的方法,观察一个人的本性。因为在商务合作中,很多项目尤其是比较大的项目,往往都不是一下就能成功的。所以我们要跟对方先进行一两次小范围、小规模的合作,哪怕是一件微不足道的小事。

古人说过,见微知著,以小见大。很多成功都是逐步累积的,而信任感也是逐步建立起来的。所以当我们通过一同做一些小的事情,就可以逐渐了解这个人,可以看到这个人为人处世是什么样,他的做事方式、态度和节奏又是什么样,能否和自己契合。而在做小事的过程中,就能够考察对方是不是靠谱,之后要不要进行比较大的一些合作。

举一个我身边发生的例子。

我去参加我儿子幼儿园的一个亲子活动,幼儿园随机让一些家长和小朋友组队并与其他队 PK。有一个小朋友的妈妈跟我分到了一组,我们两人之前从来没有协作过,这是第一次。

老师给我们布置了一个任务,并在任务环节中设置了一些小障碍,让我们共同去完成。然后问题就来了,我发现这个孩子的妈妈在性格上有些强势和急躁,遇到一些小问题就会非常着急。而且在任务过程中,只要稍微做错了一点,她就不管不顾地开始抱怨孩子们。

你看,组队参与亲子活动其实是一件很小的事,但是它会影响我对这个人的判断。

后来机缘巧合这个妈妈找到我,因为她的工作跟我所在的行业有一些关联,所以想要跟我合作。但是因为此前亲子活动的经历,我考虑再三,最后还是婉拒了。在商业伙伴的选择上,我会非常慎重地考虑,如果遇到遇事急躁、轻易放弃或者发火暴怒的人,我是不会轻易与之合作的。

如果大家遇到这样的情况,也要跟我一样,谨慎选择是否合作。

相反,如果这个人在与你合作的小事上做得很不错,你就可以考虑进一步进行更大一点的合作,逐步地加深接触,这样对彼此也会更有保障。

3

高效沟通策略：你可以打动任何人

　　人际交往的本质，就是沟通。我们利用沟通来处理工作，应对生活中的各种难题。

　　一个沟通高手，一张嘴就会让人觉得亲切、舒服，并且能用语言去撬动更多资源，获得更多应得的利益，掌握商务谈判和日常对话的主导权。

【沟通思维】

沟通能力是训练出来的

　　前些天，我给商学院的学员们做培训，学员小L的表现让我印象深刻。在小组讨论的时候，他总是一言不发。如果有人主动找他说话，他不是鼻尖冒汗，就是用双手不停地捻着衣角。有时候脸憋得通红，但是说不出一句话。在一群学员当中，这个格格不入的小L显得特别扎眼。

　　我在课下和小L聊天的时候惊讶地得知，原来这个看似有沟通障碍的小L，不仅是一家创业公司的CEO，而且他研发的产品已经达到了上百万的销量。不过，正是由于自己的沟通能力太差，所以一直无法突破事业瓶颈。

　　小L怯生生地问我："楠姐，像我这样不擅长沟通的人，是不是因为缺乏和人打交道的天赋呢？"

　　我认为，事实并非如此。就拿小L来说，他是名校计算机专业毕业的硕士，工作之后一直做技术工作和产品研发，很少有和人打交道的机会。小L由于缺乏练习的机会，当然不善于沟通。试想一下，如果把你放到一个与世隔绝的荒岛生活三年，然后再让你突然进入一个满是陌生人的商业论坛，不管你以前多么能说会道，现在照样会心生恐惧，感到手足无措。

那些擅长处理社交问题的人，是如何做到游刃有余地与人沟通的呢？很多人认为，能够与别人畅快地聊天是一种天性。这种说法看似正确，实则完全没有道理。我们每个人都有与人沟通的能力，但是没有一个社交高手是天生的，都是后天训练的结果。如果你能够下定决心，并且有正确的训练方法，那么你一样可以成为社交达人。

有效沟通与无效沟通

我在创业的过程当中，遇到过很多特别能聊天的人。他们但凡和你说上一句话，就能聊个没完。但是，我却往往难以和这类人做成生意，或者达成合作，甚至在和他们打交道的时候，都感觉是在浪费时间。为什么喋喋不休的人，反而沟通不畅呢？因为他们显然没有理解什么是有效沟通。

如果你在开始沟通之前，没有弄清楚对方的需求，那么你的沟通很可能是无效的。大概十年前，斯坦福大学教授托马斯·哈勒尔在对杰出校友的研究中发现，许多校友取得成功与他们平时的学习成绩没有多大关系。获得成功的毕业生往往有一个共同的特质，那就是非常善于有效沟通。这类人不论是进入公司的管理层，还是创办自己的公司，在面对客户、投资人、合作伙伴的时候，往往能够迅速抓住问题的要害，通过沟通迅速解决对方的需求。

与之相反的是，那些不太成功的毕业生往往不善于有效沟通。

托马斯在研究中发现，他们当中的很多人经常把闲聊和沟通混为一谈。有些人在和别人打交道的时候，为了显得自己很放松，经常和对方聊些与生意本身无关，又不能给人家提供价值的话题。结果这类人不仅无法达到商业目的，而且会给别人留下话痨的不良印象。

你是否曾经"沟而不通"

有一次，我开车去接孩子放学，在等待的时候，一个小妹不停敲我的车窗。我以为发生了剐蹭，立刻把车窗摇了下来。

这个小妹立刻兴奋地对我说："小姐姐您的气质好好啊！一看就是成功人士！"

我微微笑了一下，心想反正也是闲着，不如听听她想说什么。

小妹看我不反感，接着说："您看，我们公司正好有一份专门为成功人士量身定做的理财保险，年收益6%呢！"她不停地向我介绍这款理财保险，然后又天南海北地和我聊起来，也不管我对此有什么反应。

半晌过后，我打断了她，对她说："美女，我大概听明白了。就是假如买了你的这个理财保险，能得到6%的年收益，对不？"

"是的，是的。"小妹满脸堆笑地回答。

"但是，我平时做投资年收益20%，你这收益还差14个百分点呢！"我边笑边对她说。

小妹顿时语塞，只得灰溜溜地离开了。

这个小案例虽然听起来像个笑话，不过请你仔细想想，你在和别人沟通的时候，是不是也常常犯这样的错误呢？是不是也经常在没有弄清楚对方的需求的前提下，盲目地和对方闲聊呢？

现如今我们的生活节奏如此之快，哪还有人会有足够的耐心听你那些无聊的闲谈呢？如果你不提前做好功课，了解对方真正的需求，为对方提供有价值的解决方案，你必然会陷入尴尬境地。

要解决问题，首先要正视问题。因此，当你发现自己和别人交流时，对方好像很难理解你的意思，你就该自我反思了："我的沟通方法，是不是有问题？"

如何建立正确的"沟通思维"

我的一位朋友是个自由职业者，前段时间，他想要注册一家个人独资的工作室，因为以工作室的名义和合作方签约会更方便后续的付款和缴税。

在咨询一个代理机构的业务员时，对方先是说了一通个人独资公司的注册政策，然后告诉我的朋友，自己的公司和某地方机构的关系非常铁，后续他可以为我朋友的公司拿到一些资源支持。我的朋友听完对方这番介绍之后，放弃了和这家代理机构合作。

我问他为什么会作出这个决定？

他回答："我只是希望以工作室的名义来走财务流程，他既没有听懂我的需求，又没有给出我想要的方案，我怎么会选择他呢？"

朋友的话点出了沟通中很多人都会犯的错误，即忽略了对方的需求到底是什么。你在沟通中如果忽略了这一点，即使把自己包装得再专业，也不会给客户留下什么好印象。

所以，沟通的思维模式很重要。

什么是正确的沟通思维呢？那就是以解决问题为目的进行沟通的思维。记住一点，客户愿意和你合作，根本原因在于你能解决他们的问题。你要在沟通之前全面地分析问题，但是不要在还没准备好方案的情况下，就去谈合作。你给客户的解决方案，应该是他所急需的，这样这单生意会很容易谈成。

举个例子。同事小李来找我说："楠姐，我今天分别见了张总和刘总。张总不好说话，太霸道，提出很多质疑，让我详细做一版方案再谈，约他出来吃饭被拒绝了。刘总人不错，一起吃了顿饭，聊得挺好，承诺价格合适一定选咱们。"

我琢磨，这事儿或许没有小李想得那么简单。我问小李："你怎么想？"

小李回答："我打算把重点放到刘总那里，这几天常去跑跑，希望比较大。"

我说："这两个客户根据他们的需求，分别出方案，同样对待。"

十天之后，小李敲了敲我办公室的门："楠姐，合同签了，和张总签的。"

我趁此机会对小李说："表面的亲近往往会给你带来假象，能给你实质结果的，都是你能真正解决对方痛点的。"

这个案例当中，小李和我对于客户的判断显然不同。小李依据客户给他的感觉来判断沟通的结果，认为谁更容易打交道，和谁就能谈成。而我则首先判断对方的需求，并且将重点放在给出正确的解决方案上。这实际上是两种完全不同的思维方式。

商业沟通的底层逻辑，和普通闲谈有着明显的不同。商业沟通的本质，是要促成双方的交易，你只有找到对方的痛点，给出精准的解决方案，才能实现双方的合作。你和客户之间的沟通就像一场射击游戏，对方的痛点则是靶子，你的射击姿势再漂亮也没用，只有当你的方案能正中靶心的时候，你们才能形成共识。

小李能和张总谈成生意，并非因为两个人的交情有多深，而是小李给出的方案能解决张总的问题，符合张总的商业利益。小李和刘总虽然聊得很好，但那也只是私下里双方的印象不错，和能否谈成生意关系不大。刘总最终没有选择和小李合作，根本原因还是小李的方案没有满足他的需求。

　　总之，让对方感觉到你是一个优秀的合作对象，首先要把话说到对方的心坎上，要时刻站在对方的角度，分析他究竟想要什么东西，并相应地给出策略。在这个过程中，行事靠谱、言之有物是基本要求。有些人上来就喜欢"放卫星""吹大牛"，其实别人只是静静地看你表演而已。

【商务沟通策略】

初次见面攻略：有距离、有目的、有节奏

设想一下，你要去见一个投资人或者合作方，这是你们两个人的第一次见面。你想要给对方留下一个好印象，但你确实又对他不熟悉，你要怎么做？

我遇到过许多类似的情况，而第一印象的好坏，往往决定着今后的合作能否顺利。有很多合作方，我第一次见面时，虽然还没有进入正题，我就能预感到——"嘿，这事儿能谈成"！而有些合作方，我初次会面时，就会明显感受到"哎呀，后续似乎很难推进"。

心理学上的"首因效应"大家应该也听过，就是指你见到某个人时的最初印象，决定着你以后对他的评价，也决定着你们关系的走向。

那么，如何才能在初次接触的时候给对方留下好的印象呢？我给大家提供一个"初次见面攻略"：有距离、有目的、有节奏。

第一，有距离

第一次见面，要保持距离，无论是心理距离还是物理距离，切忌过度

亲密。

很多人有一个误区，认为在第一次见面的时候，必须表现得非常热情和亲近，才能给对方留下良好印象。在我看来，热情过度未必是好事。

与人交往也好，谈合作也好，如果你表现得非常热情、主动，会导致两个问题：一是会让对方失去进一步探索你内心世界的欲望；二是如果你后来表现得不如当初那样热情，对方可能会觉得被怠慢了。

此外，人与人之间，要切忌交浅言深。

在心理学中有个"自我暴露"定律，它是指在人际交往中，敢于展示自己的真实情感和想法，更容易获得别人的理解、信任和支持。比如，在一个采访中，当被采访者讲述自己童年遭遇的创伤，往往能引起听者的共鸣，迅速拉近距离。然而，心理学家进一步研究之后发现，在人际关系中，自我暴露并非越多越好，而是要控制在一个合理的范围内才会有效。如果过度地自我暴露，非但不会拉近彼此之间的距离，反而会让人产生厌恶的感觉。

有研究认为，人的心理可以分为三个区域：一个是可以让别人察觉到的部分，即自己知道别人也知道的区域，叫作"透明区"；一个是不能让别人发现的层面，即自己知道而别人不知道的部分，叫作"隐匿区"；还有一个是自己不知道而别人也可能不知道的部分，被称为"潜在区"。

这三个区域在一个人的心理总量中所占的比例，在很大程度上决定了他的幸福感。在良好的人际关系中，透明区应该最大，隐匿区较小，潜在区最小。如果隐匿区大于透明区或者潜在区过大，都属于不太健康的人际关系状态。尤其对于关系还不是很亲密的人而言，自我暴露应该适度，设立必要的界限感。

初次见面保持一定距离，也有助于你更加理性地观察对方的一举一动。此时的你并不了解对方，如果过于热情和亲密，很有可能会因为一些对方忌讳的话题而"踩雷"。

总之，第一次见面需要保持神秘感，既能引起对方的好奇心，又能帮助你迅速了解对方。

你需要把握这个距离，做到既不熟络，又不陌生。同时，你还要不断去洞察对方的需求，找到合适的沟通点。

除了心理距离，还要注意保持物理距离。在一个相对比较宽敞的环境，我建议大家保持两到三米的距离，而如果是一个相对比较窄一些的环境，则至少要保证一米以上的距离。大于这个距离叫作社交距离，小于这个距离的叫作亲密距离，所以在初次见面的时候，保持社交距离会让人觉得比较自然、舒服。

第二，有目的

第一次见面的机会很宝贵，尤其是如果约见的对象非常重要，那么你必须提前对主题和内容进行设计，要让对方对你表达的内容产生兴趣。

我们要尽可能地给人留下一个幽默的印象，这会让人更加愿意与你聊天，为下一次沟通打好基础。在聊天过程中，可以偶尔自黑、自嘲一下，或者合时宜地开点小玩笑。如果你天生就是一个很有意思的人，那在这点上你已经占了优势；而如果你平时不是一个比较幽默的人，你就应该提前准备好第一次沟通的内容，在确保足够专业的前提下，增加一些能够让人感觉不枯燥的、有意思的话题，会更加让人印象深刻。

在表达内容中，你应该体现出足够的专业性，你的输出必须有干货，且能让对方迅速捕捉到你有合作上的价值，这将会对你们的合作产生积极影响。

可以先用一起合作一件小事作为引子，作为双方合作的突破口。比如，"我了解到您在这部分的业务上有一个小的难题，我刚好可以帮您很好地解决，我们可以在这部分上合作，取得收益，共赢互利"。他听明白你的要求之后，清晰地了解了你的价值，知道了你们共同的目标，他会评估你们合作的可能性，然后决定是否要与你进行进一步的接触。

此外，在沟通的整个过程中，千万不要自顾自地讲述，而是要仔细观察对方的反应和感受。你可以通过对方的一些微动作和微表情，来感知你的谈话内容、态度、动作行为、表情乃至语气带给对方的感受是愉悦的还是厌烦的。你说的所有话都要基于对方的反应，比如，当对方身体忽然后靠，摸了一下手，扶了一下头，或者出现了皱眉、抱手，说明他现在有些不耐烦了——要么是对你说的话题不感兴趣，要么是对你的观点有所保留。这些可能都是拒绝的信号，说明你接下来的谈话内容需要赶紧调整了。

而如果对方一直微笑着听你说完，甚至身体不自觉地往前倾，还时不时点头，那么说明机会很大。

第三，有节奏

这一点非常重要。很多人在第一次和人谈合作时，稍有眉目，就步步紧逼，恨不得当场就签约。但我认为，如果对方不是一个冲动型的人，那么最好给彼此留下一定的空间，不要太心急。

中国有句话叫：不可坏事做绝。其实，"好事"同样不能做绝。这里的"绝"是指：不要把话说得太满，节奏不要太赶，而要留有一定的余地，让对方觉得意犹未尽。这是在为下一次的见面和沟通建立良好的契机。如果我们一开始就把自己的底牌早早地亮完，往往就会陷入被动，让自己陷入比较尴尬的境地，很可能双方之间的合作就到此为止了。

我曾经约一位知名度很高的明星见面谈合作。我到他的公司，当时接待我的是他的合伙人。在跟他合伙人聊完具体合作内容后，这位明星过来跟我打招呼。这个时候，我没有表现出任何兴奋或者紧张的样子，没有跑去要求合影，也没有激动地说："我是您的粉丝，我太喜欢您了。"

我保持着冷静和礼貌的态度，在舒适的社交距离下，先点头问好，然后跟他说："领导，我给您汇报一下今天我们双方取得的交流成果，很成功也很值得期待。"接着，我就把我这边的优势，以及能够给到他们的资源和价值，快速地用"123"总结给他。

在总结的时候，我力争每一个点都吸引人。同时，我时刻注意观察对方的神情是否感兴趣，以便及时调整话题方向。最后，在恰到好处的时候，利落地结束了对话。

我主动对他说："您一定很忙，就不打扰您了，我就先回去了。"而这个时候，他反而提出他还有一些时间，可以继续聊一会儿。最后临别时，他还主动跟我加了微信，并与我合影。

整个沟通过程中，我一直秉持着我上面所说的三个步骤，保持舒适的距离，设计好对话内容，有目的、有节奏，不急于一时，逐步推进，最终达成了我此行的目的。

你在初次见面时，还应该注意哪些事情

在第一次沟通的时候，还有一些值得我们注意的事情。

比如，经常有人不敢表达自己的需求，生怕对方会反感或者直接拒绝。这其实是很没有必要的，因为你跟对方见面，最终还是为了达成目的，所以提前说明来意是很重要的，不需要弯弯绕绕。

此外，现在大家在商务合作中，都习惯加微信联系。但是我建议大家在加微信的时候，也要保持一定的社交距离，这个社交距离跟之前提到的物理社交距离是不一样的概念。在加微信的时候，需要考虑对方的身份、地位、性别等多种因素，保持一个合适的度。在双方差距过大，或者不便的时候，不宜太过主动。

我认为，加微信最好的方式就是让对方感兴趣而主动加我们。

见面结束之后，如果对方是来求你办事的，你最好不要主动加对方微信。当你求对方办事的时候，一般也由男方主动加微信为好。

如果你是个男士，你需要主动地去邀请对方加微信。只要你前面没有出现给对方感受不好的状况，一般都不太会被拒绝。而如果你是位女士，那建议你提前准备好印有微信的名片。在递给对方名片的时候，用你的手指指一下你名片微信二维码的那个位置，暗示对方：我们可以交换一个微信。所以大家在印名片的时候，微信二维码可以尽量做得大一点、醒目一点，方便你指的时候能够明显一些。

如果对方说"回头我加你微信"，但事后并未加，那么事情谈成的可能性极小，基本可以不用在这个客户身上浪费时间了。

最后，不要对加微信这件事情过于执着。因为双方加了微信之后，如果无合作意愿，也不会起到太大作用。对方如果有合作意愿，早晚能加上微信。此处，我再补充一个细节，就是如果你们的结识是中间人介绍引荐，那么建议现场当着中间人的面不要急于去加对方微信，这会让这位中间人感受不好，反而等待中间人或者对方主动提出加微信会比较好。你要知道，只要你让对方感受到价值，那么加微信是迟早的事，反过来，即便加了也意义不大。

对方"咖位"比你高，如何快速达成合作

我公司的小薇有一次与一位知名的明星经纪人谈合作，回来后跟我汇报沟通的情况。

我问她："合作谈得怎么样呢？"

小薇低着头回答："楠姐，他总共只给了我半个小时，而且这半个小时，话题都在他手上。您让我说的话，我都不知道怎么说出口。楠姐，对不起啊，我办砸了！我第一次遇到传说中的这位经纪人……有点紧张。"

其实在小薇见面之前，我们已经准备好了沟通的话术，想不到她完全没用上。

在生意场上，我们难免会遇到很多比自己资源好、地位高、影响力大的合作方，这时候，很多人都会跟小薇一样，完全由对方掌控着谈话的节奏，准备好的方案、话术，似乎都失效了。

那么，面对这种各方面都比自己强势很多的人，我们应该如何沟通呢？

以平等的心态沟通，体现专业性

拿"第一次见投资人"的场景举例吧，如果你第一次沟通的对象地位

比较高，一直强调自己是投资人，那么，你要试着以平等的心态对待对方，切忌以一种"乞讨者"的心态来交流。

你想想，投资人最看重的是什么？是你手上的项目可以给他带来多少利益，而不是"我就是来找你要钱的"。你要始终让对方意识到，你们是平等的关系。

如果对方很看重人脉，你可以无意间透露出后续项目操作时，你可以提供的各种人脉资源、渠道资源、客户资源等。如果对方很看重专业，那么你就要多聊聊自己过往的成功案例，给人以专业感。

比如，我与一位知名投资人第一次见面时，对方并不知道是否应该和我在抖音平台上进行电商部分的合作，他只是迫于朋友的面子，才答应与我见面的。

我知道他对投资我的兴致并不大，于是对他说："我用最简练的语言、最快的速度，向您汇报一下。"这种表达方式，表面上是主动降低了身份，其实是立刻拉近了距离。但是要注意，在说这句话的时候，我的语气是不卑不亢的，一定不是讨好。

我接着说："您知道，抖音是个宝藏，我觉得自己还挺幸运的，已经有 800 多万粉丝了。但是，您也知道，直播与短视频的流量不同步。我的短视频数据还挺好的，但直播带货上遇到了瓶颈。您的副总裁听说我直播带货的口碑分数降到了 4.3 的时候，直接被吓跑了！不过，我总结原因，迅速调整了合作的品牌商家，对方有着更加专业的售后及物流，几天之后我的分数就涨到 4.7 了，相信很快可以回归到 4.9 以上了。"

可以仔细分析我对他说的这番话：我是在用调侃的方式告诉对方，我的成绩不俗，并且我对自己的现状有很清晰的判断。我有实力，我很专业，而且我对他毫无隐瞒。

在对话过程中，我一直特别留意对方的表情和动作。看到对方表情很愉悦，似乎对我刚才传递的信息很感兴趣，于是我心里笃定了。我接着说:"我信赖您的眼光和专业。如果您能帮我提高直播间流量,那么我也可以跟您共享我的收益和成绩。我更看重长远利益,愿意成为您的忠实伙伴。"

对方点了点头,表示愿意尝试合作。

我没有"趁热打铁",相反,在表达自己的需求之后,需要留给对方意犹未尽的感觉。我说:"您先忙,您的时间很宝贵,咱们后续慢慢再聊。"

再次提醒,第一次谈话结束之后,除非紧急情况,否则不需要立刻联系对方催促合作进度。可以在平时相互问好,在朋友圈点点赞。这样,在谈话结束之后,才会给后续的合作留下好的且更大的空间。

找到对方的"弱点"

我们要善于在沟通过程中挖掘对方的"弱点"。很多时候对方愿意跟你达成合作,其实是你抓住了对方的"弱点"。这个"弱点"指的是对方欠缺,而你恰好有的东西。在我看来,每个公司都有自己无法解决的问题,这也是"弱点"所在。

分享一个发生在我身上的案例。我想拉近的一位合作方,在资源、地位、声望上,对方都比我段位高很多,一般来说,这样咖位的人物几乎没有"弱点",对我也意味着几乎没有合作的可能。

在见面之前,我一直没有找到对话的突破口——他什么都不缺啊,我能给他提供什么呢?

然而在我们的初次沟通中,我敏锐地发觉,如此强大的人其实也有"弱点",而他的"软肋"就是他的儿子。

在聊天中我了解到,他的企业是家族企业,而他只有一个儿子,那按常理以后一定是子承父业。但是偏偏他这个儿子不太想接替他的事业,却很向往当网红。这不就刚好是"瞌睡碰枕头"吗？网红达人这方面，我楠姐熟啊！

所以，我就把这事包揽了下来，当即表示不但能帮他的儿子实现愿望，还能为他的家族企业注入新兴行业的助力，让他的儿子找到属于自己的价值，回归父业，带着对新的行业趋势的理解和成果接受传承。最终，在地位如此"不平等"的情况下，我还是和他迅速建立了关系，如愿达成了合作目的，这是因为我在合作方身上找到了亲情的"弱点"。

如何消除对方的戒备，达成共识

遇到对方的刁难，怎么办

第一次见面的氛围未必都是融洽的，遇到对方的刁难也是常有的事。

举个例子，我的短视频中有这样一个故事：我去找一个项目主管申请投标，这个人是出了名地难接触，而且戒备心很强，但我最后还是拿到了投标资格。

楠姐：您好，是李总吧？

项目主管：你是？

楠姐：（掏出一张名片递过去）这是我的名片，特意在这里等您的。

项目主管：你有事？

楠姐：我想报名咱们实验大楼这个项目。

项目主管（听完就往前走）：这事我不管。

楠姐：我知道是张总负责，我找了他好几次，他没让我报名（我知道张总是他的对头）。

项目主管：那是你资质不够吧？

楠姐：资质都没问题。

项目主管：那……你想让我帮你？

楠姐：我只是希望有个报名的机会，另外，作为外人，今后我可以向您汇报一些不一样的消息（提供价值）。

项目主管（停下来）：嗯……明天下午3点，你去项目部，我正好在。

楠姐：好的，我准时到。

项目主管：注意什么，需要我提醒你吗？

楠姐：我并没见过您（表达忠诚）。

项目主管：嗯。

楠姐：李总，谢谢您，冒昧了。

项目主管：你是够冒昧的。

楠姐：我会珍惜您给我的这次机会（表达感谢）。

对方之所以会刁难你，大多是因为利益问题。你要分析他的利益所在，并且思考你能否提供他需要的利益，以此为出发点来试探对方。你要让对方认为你是自己人，是和你一起去解决困难的。

在上述对话当中，"作为外人，今后我可以向您汇报一些不一样的消息"这句话，我成功打动了对方。因为李总选择跟我合作，相当于多了一个耳目，多了一个"局外"的自己人，这也是他所需要的。只要成功满足了对方的需求，那么对方的刁难也就迎刃而解了。

只要对方有需求，他就不会过于为难你。这时你可以对他说："我想在这个项目上与您合作，跟您共赢，在您非常强的方面我比较弱，但是我的价值体现在与您互补的方面。"然后，很重要的是，要让对方感受到你有着很高的忠诚度。

对于一个可以和自己互补、又能忠于自己的人，对方是没有理由刁难的。所以，初次见面的对象即使是个很难接触的人，也要清楚对方的需求是什么。抓住对方需要的东西，你就可以消除对方的戒备，顺利和对方拉近关系并建立共识。

如何化解对方的敌意，达成合作

假如你和某个人最初的见面氛围不错，双方已经建立了基本的好感度和信任度，那剩下的问题只是专业度的问题了。接下来，你只要在专业层面表现出你的价值就够了，通过时间和专业的累积，双方一定会越来越默契和信任彼此。

但也难免会遇到一种情况，就是对方一直对你抱有一定的戒心，甚至带有一些敌意。这种情况在我们日常沟通场景中，包括我这十几年的商务沟通过程中，经常会遇到。总会有一些合作方和客户在开始的时候对你信任度不够，甚至有可能故意刁难你，让你下不了台。

那对于这种情况，我们应该如何取得对方的信任呢？我给大家分享两点建议。

第一，我们首先要分析一下，对方刁难我们的原因到底是什么。

很多时候，只是因为对方听了一些竞争对手或者有心之士的风言风语，他们就对我们产生了误解。这个时候，我们就只有去消解这个误解，才能顺畅地沟通。首先，面对有可能的误解，不要着急寻觅原因和解释，接下来，我们要着重去分析对方想要哪些利益点，并提出我们能够提供的利益来进行试探。如果对方反应良好，我们就可以针对这个利益点进行专业的输出。

第二，我们要与对方建立起同理心，你可以去试着理解他的感受，同时也让他理解你的难处。

这个道理说起来容易，可能大家都懂，那么我们应该如何具体操作呢？

首先，我们可以开诚布公地提出一些问题和难点，与对方做一些想法和思路上的交换。有时候适当地请求别人的理解和帮助，可以很好地激发对方的同理心。

其次，我们可以选择对方心目中比较重要的人，比如他的老板、合伙人或者重要客户等，在他们面前去夸赞他，让他从别人口中听到。这是一个非常好用的小技巧，从第三方口中说出的夸赞之词更加具有可信度，更能给人好感。

判断客户类型，帮你搞定所有谈判

你是不是经常被客户拒绝？你是不是觉得自己已经用尽方法，却怎么也搞不定客户？

想成为沟通高手轻松搞定客户，仅仅树立正确的沟通思维是远远不够的，你还必须掌握有效沟通的基本框架。我在长期的实践当中，总结出了一套商务沟通的模型，而在分享这个模型之前，我们先要学会如何判断客户的类型。

在跟客户沟通的时候，不要着急进攻、出招，而应该先防御，先静静观察，看对方如何出招。我们可以使用相同的沟通模型，但面对不同的客户，我们的沟通风格要完全不一样。

因此，在对话的一开始，我们就要扮演一个收集信息的角色，通过倾听，快速判断对方属于什么类型。我一般把客户大体分成四种类型：防御型、冲动型、被动型、智慧型。对于这四种类型的客户，我们会有不同的应对方法和策略。（这四种类型反映出的特点有时候也会交叉重叠在同一个客户身上，那么就要看哪个特点比重较大，再使用我教给大家的与之对应的方法和策略。）

第一类：防御型

防御型客户是四类客户中相对比较容易打交道的。

这类客户往往话很少，平时喜欢自己琢磨问题，独立思考的能力很强，遇到事情的时候，会给自己充分的准备时间。他们会自己主动了解项目的每个节点，不会被别人带着走。防御型客户会用防御姿态应对你抛给他们的信息。在他们的头脑当中，会把你想成他们的对立面。不论你说什么，他们内心的第一反应往往是否定你，并且会用质疑的思维看问题。

如何应对这类客户呢？

首先，最好直接给他们想要的结果。不要妄想用语言去讨好他、恭维他，而是要尽量展现你朴实的一面，这样更能够给他们留下好印象。他听到你的恭维，反而会怀疑你的动机，可能会在心里揣摩："你这么恭维我，是不是一个绣花枕头？是不是有什么企图？"

其次，当你面对防御型客户的时候，重点是一定要信守承诺。

当你对他们作出第一个承诺的时候，哪怕是一个非常小的承诺，也必须完成你的承诺，并且向他们展示结果，让他们看到实实在在的利益。这类型的客户，一旦你们第一次的合作顺利完成，让他感到满意，那么，他们甚至会将后续所有的项目都交给你做，并且会和你建立长期的信任关系。这种长期信任关系一旦建立，将会非常牢固，很难打破。

相反，如果你第一次做得不好，即便你能找到理由解释，在这类客户面前还是会过不去这一关，他不会再给你机会。

总之，对于这种类型的客户，你要有一说一，语言朴实不吹嘘，无论是好情况还是坏情况，都跟客户如实地反馈，这样反而能够让对方真正信任你，让合作走得更远。

第二类：冲动型

如果说防御型的客户不需要太多的奉承和迎合，那么应对情绪往往都放在表面的冲动型的客户，就需要换一种策略了。

我们与冲动型的客户沟通时，似乎不用花多少精力就能搞定，为什么呢？因为这类客户有一个比较明显的特点，就是耳根子比较软。

但需要注意的是，冲动型客户的特点是情绪化，当你夸赞他的时候，他容易飘飘然，但你一旦把事情搞砸了，让他出现损失，他也比一般客户更容易激动，甚至会出现暴跳如雷的情况。

还有一点，这类客户对待合作、对待沟通以及对待你，往往变动性都会比较大，经常朝令夕改——今天会有这样那样的想法，明天又会有另外一个想法，甚至已经谈妥的事情都很可能会出现变化。

不过，冲动型客户也并非全是缺点，他们相比于防御型客户，更加容易被引导。如果你要开一家服装店，那最好尽可能多地找到冲动型顾客。这些客户面对琳琅满目的服装时，一定会成为你最大的客户群体。

此外，对于冲动型客户，我们还可以针对他的喜好出招，投其所好。比如对方喜欢喝茶，那我们就针对这类客户的喜好下手，很容易让对方开心。

举个例子，我的一个冲动型客户很喜欢收藏字画，但是经常"打眼"。我为他联系了一家非常有名的画廊，不仅画廊老板收获了一位大客户，而且让我和这位客户建立了有效的商业关系，让接下来的合作也更加顺利。

不过，相比于防御型客户，你与冲动型客户往往难以建立长期稳定的关系。防御型的客户是你需要给他一个非常明确的结果和预期，他自己来分析自己的得与失，然后才决定是否跟你合作。但冲动型客户则很容易在没有经过深思熟虑时，一开心就答应你了。所以，和这类客户打交道一定要遵循"短平快"的原则。我们要在沟通过程中，尽快找到时机推进签单，趁热打铁，立即签单，防止夜长梦多。

这个关键的点在于，你不要拖泥带水，免得事出有变。而且你们很难维持长久稳定的关系，在后续的合作中，你要不断挖掘一些新的能够刺激他的利益点，才能让他持续和你保持合作。

第三类：被动型

被动型客户的特点就是非常被动，他们与冲动型客户完全不同，你要更加主动跟进，否则就很难出成果。

这类客户从来不会给你确定的答案，他们往往会耐心倾听你陈述，你以为他们对你的建议感兴趣，但实际上他们并不会作出决定。这类人面对问题经常优柔寡断，当多个选项摆在他们面前的时候，他们的选择困难症就会立刻发作，将决定无限期推迟。

被动型客户的应对方法其实很简单，就是你要更加主动出击，帮他们作出决定。这类客户之所以会犹豫不决，根本原因在于总想要百分之百稳妥的方案。你需要把自己当成他们的军师，先为他们列出多种方案，然后在替他们分析这些方案的利弊之后，站在他们的角度主动帮他们作决定。

在和被动型的客户或合作方沟通时有以下两个要点。

第一，我们要列举多个较为稳妥的方案，记住，一定是"多个"。

像这种没有办法马上作决定的客户，如果不给他提供选项，他永远不会思考你的方案，而哪怕他拿捏不定究竟应该选A还是选B，他也至少有了选择的余地。列举多个方案，是为了让他打消顾虑。因为这类客户在很多时候犹豫不决，有很大的因素是觉得不够稳妥，所以我们最大限度地照顾对方的感受，并给出稳妥的方案，就能解决这类客户的问题。

但是这类客户通常有选择困难症，最终还是不知道该选哪个，我们该怎么办？

这就是我们要做的第二点，要明确地告诉他："根据您现在的情况，我建议您选 A 方案就可以了，因为……"

我们只需要条理清晰地告诉他为什么要这么选，并主动出击帮对方作决定。因为他被动，所以我们就要主动解决这个问题。

你想要和被动型的客户做成一单生意，在开始合作的时候往往很困难。不过，只要你搞定了第一单生意，并且建立起了双方的信任关系，那么往后的业务，这类客户可能都会交给你作决策。

你想想，作为一个选择困难症患者，被动型客户太需要一个懂他们心思的人替他们作出决定了。因此，对于这种客户一定要保持耐心，并且主动出击，建立双方稳固的合作关系，争取将其培养成长期客户。

第四类：智慧型

智慧型客户既是所有客户类型当中最容易合作的客户，也是最难搞定的客户。

首先，他们一般情商都比较高，有一些变色龙的属性，能根据对方是不同的人，表现出不同的状态。这类人可谓是商场中的"老油条"，他们会依据对方的类型，制定自己的谈判策略，很多时候，他们会选择"向下兼容"。"老谋深算"是这类客户的标签。

此外，智慧型的客户往往具有长期思维，更加看重长期利益，即使作为甲方，也可以做到先舍后得。你在和智慧型客户谈判的时候，他会给你画饼，与你畅谈双方合作的长期目标。在谈判当中，智慧型的客户喜欢掌握主动，让你不由自主地认同他们的想法。

面对这类型的客户，解决的办法只有一个，那就是你一定要确保自身有足够的价值，然后你的价值能赋能给对方，让对方也觉得你对他有价值。当你衡量清楚这个事儿的时候，你才能保证后面的沟通和谈判有更大的成功率，也才能与对方建立长期的合作关系。

比如，你是一位运营短视频的高手，并且有比较成熟的IP，那么智慧型客户就会想方设法给你赋能。他们通常会给你提供长远的利益，以及更多的商机，如可以给你提供人脉、资源、模式、资金等，并向你展示远景价值。只要你自己是一座宝藏，那么智慧型客户就会变成挖宝人，与你携手共赢。

商务沟通模型：三步打动客户

准确判断客户的类型之后，我们就可以有针对性地用到沟通模型了：

第一步：点明目的
第二步：给出资源
第三步：精准关怀

我们逐一拆解。

第一步：点明自己此次沟通的目的

你需要把自己变成演员，提供给客户想要的价值。同时，也要提出自己的想法，并且以此为出发点，与不同类型的客户进行沟通。

举个例子。我个人比较喜欢讲格局，讲长远，讲舍得。在合作中，通常我会先舍，不会太在意一些鸡毛蒜皮的小事，而且我比较善于攒局，所以，我是一个典型的智慧型客户，同时在某些方面也有冲动型客户的特点。

首先，我很想进一步拓展自己的影响力，提升自己的个人 IP 品牌。而且作为一个典型的智慧型客户，我选择合作伙伴的时候非常挑剔和谨慎。其间,有一个短视频平台的广告销售小张,就曾经成功搞定了我,让我成为他的客户。

我是怎么认识这个销售的呢?首先,他所在的部门有很多领导,也有很多层级,跟我对接的这个小伙子是这个大客户部门最小一级的员工。而这个大客户部门的职责是帮所有广告大客户解决商业流量的问题,同时为他们制定一些投放策略。

这个小伙子通过找各种关系介绍转介绍,找到我这里了。

为什么会找到我呢?因为我做内容这么久了,肯定是需要更大的商业流量的。他手上的大客户,单场直播中投几百万元或上千万元预算的都有,我目前明显还够不上他们的大客户标准。但他对我进行了分析,知道我有这方面的潜在需求和能力,所以找到了我。

当我们面对面坐在一起,这时候智慧型客户的麻烦之处就体现出来了。我一般会看对方是否跟自己对等,所以我就看了他的工牌。在确认了他确实是该平台的员工之后,上来就先问了一些基础知识,然后问了他的职务,并了解了一下他的岗位职责,紧接着我就发难了:"你能为我争取什么?"

他跟我说,他能争取到更多的投流数据分析,可以帮我与数据组沟通优化我目前的数据,能推荐我认识大直播间的运营负责人等。我兴味索然地回复他:"挺好,但其实这些不是我最看重的。"智慧型的人难缠就在这里,非常擅长迂回。

他看我不接招,立马换了说辞,对我说:"楠姐,我们周末会举办一场商业活动,我特别希望您能够参加。不过,这个活动确实只有以往充了会员费的大客户才能参加。这个活动主要是邀请了官方有经验的高层为参会人员详细讲解与商业流量相关的知识、政策和打法,这是内部的一次论坛,其他地方是听不到的,而且在会场,我可以帮您介绍任何您想认识的人。"

说到这里,其实我已经有一些心动了。

每个销售的目的都是赚到客户的钱,只是小张在点明自己目的的时候，用的方式非常巧妙。他用一个活动将客户和产品链接起来，这样可以避免要求客户"冲会费"的目的过于生硬。而且，小张在沟通的时候完全把握住了我的消费心理。

首先他介绍了活动的两个卖点：其一，内部高层详细讲解商业流量的知识和政策；其二，内部论坛，市面上一般人是无法参加的。

作为希望详细了解商业流量运作的我，当然会觉得这场活动很有吸引力。此外，小张还点出了能够让我购买的理由，"只要冲会费就可以参加，并且可以引荐认识任何想认识的人"。

在"点明目的"这个步骤，我也为大家总结了一个公式：

目的＝卖点＋购买理由

用这个沟通公式，不仅能够帮你清楚地向客户说明你的目的，而且可以为下一步——"给出相应资源"做好铺垫。

第二步：给出相应资源，满足对方的需求

这一步的重点是，尽可能满足客户的合理需求，告诉对方，我可以为你做到什么。

你必须依据客户的类型以及需求，给出他们想要的资源。还是以我和小张的这次沟通为例。

作为智慧型客户，我最为看重的是对方能否持续不断地向我提供价值。小张在接下来的沟通当中，恰好给出了我想要的资源。

他分了三步打动我。第一步，他说："反正您都要花钱。"因为我已经置身在行业中，势必会购买商业流量。

第二步，他说："咱们这个活动是给大客户的，但是您只要在这个活动之前，不管充多少钱，只要您购买我们的产品，我都给您申请以大客户

的身份参加。"

第三步："此外，我不仅安排您参与只有大客户才能参与的论坛及社交活动，在会场，不管您想要认识谁，想知道任何相关的专业知识，我都尽量满足您，最大化帮助您引荐我的大客户资源。"

他在不断深挖这个产品的价值，这也完全符合一个智慧型客户的需求。这三步下来，我就已经开始琢磨了。紧接着他又说："楠姐既然您来了，我想介绍我们总经理给您认识。相信我们总经理能给您引荐更多您这个层次的人脉——明星、红人，让你们成为朋友，等以后有机会合作的时候都可以随时沟通。"

这时，我已经彻底心动了，他完全拿捏住了智慧型客户的心理。

然后，我整理了一下我的需求发给了他，看看他能不能完成，也算是个小的考验。所幸他接下来的沟通也让我觉得他非常优秀，他把他的承诺都提前完成了。

他立刻把总经理和我拉了微信群，先开始了线上对接。接下来，我和他们的总经理通了电话，他把他的承诺直接落地了，然后我真的就乖乖地把钱交了。之后，我也确实参加了这个活动，也确实在活动中认识了我想认识的人，得到了资源。

通过这个案例，我想告诉大家的是，首先这名销售敏锐地洞察到了我是智慧型的客户，并且针对我这种类型的客户采取了相应的沟通技巧。

其次，他提供了我所购买的服务之外的高层次人脉和资源，深度地满足了我的需求。而这些东西，如果你给到防御型客户或被动型客户，他们很可能都是不需要的，甚至会产生反感，认为你在画饼。

如果你要面对其他类型的客户，同样可以在确定对方类型的前提之下，准确采取应对办法。比如，面对冲动型客户，你可以投其所好；而面对被动型客户，则最好主动替他们作出决定。

第三步：关怀客户，建立牢固的关系

第三步是关怀客户，你可以通过一些小的细节，让客户知道你在关心他，让对方慢慢卸下防备，愿意和你聊下去。

你在完成判断客户类型、点明自己的目的、给出相应资源之后，客户下单往往是水到渠成的事情。然而，你想建立牢固的客户关系的话，就必须时刻维护客户。

有些销售认为，自己与一些老客户已经非常熟悉了，不需要过多的维护，过节发个祝福短信，或者送些礼物就可以了。但是，由于他们忽略了对老客户的维护，没有及时发现和感受到客户的需求变化，导致问题经常会出在那些"过硬"的关系上。

比如，一个客户近期的资金比较紧张，而你并不知情，你送过去的报价和往常一样。这就增加了客户的成本，很可能导致客户关系破裂。

所以，要建立牢固的客户关系，你需要在日常做到精准关怀，并且总能站在对方角度，考虑对方需要什么。比如，对方是急躁、慢热还是有耐心，对方是否很在意自己的成本预算，对方近期的变动等。只有充分考虑到了客户的需求，并为其提供符合他们需求的价值，才能让客户关系变得稳固。

有效沟通并非一朝一夕就能掌握的，在现实谈判当中，你一定会遇到各种场景和不同的问题。当你遇到沟通困境时，不妨试一试这个"商务沟通模型"，以此为基本框架，选择最合适的沟通策略。在不断的实战当中，总结出最适合自己的沟通方法。

还等什么？马上操练起来吧！

谈生意很难吗

你和谈判高手之间，只差这一点

我在短视频中分享了很多谈生意的技巧，经常有人留言问我："楠姐，我觉得谈生意太难啦！您有什么谈生意的好办法吗？"

确实，我在和很多企业家、公司高管打交道时发现，虽然他们很多人生意做得风生水起，但是遇到商业谈判时，依然会手心冒汗，心中的小鼓擂得"咚咚"乱响。那些初入职场的年轻人在面对客户的时候，更是经常头脑一片空白。

如果你问我，解决谈生意这个难题的最有效方法是什么，我会毫不犹豫地告诉你：达成共赢，没有之一。

你看到这句话之后，心里是不是充满了很多疑问？心想，楠姐你不会在跟我开玩笑吧？现在市场竞争那么激烈，资源就那么多，到处都是竞争对手，怎么共赢啊？

你有这样的质疑，说明你确实在认真思考这个问题，也说明谈生意确实不容易。既然要写一本书，讲讲生意怎么谈，就必须聊聊谈生意的本质到底是什么。我觉得，商业谈判的本质，是在了解对方需求的前提之下，梳理双方价值的互补性，通过对双方商业利益的再分配，实现谈判双方的共赢的过程。要阐述这个容易被质疑和误解的概念，我们不妨看看那些商业巨头是如何用共赢思维谈成生意的。

谈生意的本质是共赢

商业谈判不仅对普通人是个难题，对那些商业巨头而言，同样是个让人挠头的问题。

美国的商业地产大王希尔顿，就曾经在收购一个楼盘时被谈判问题难得抓耳挠腮。希尔顿为了扩张自己的商业酒店业务，必须拿下康德尔大厦的产权。但是，大厦的所有人老康德尔是个特别老派的地产商，根本不想和希尔顿谈这个生意。这可如何是好？

希尔顿冷静下来，对这件事情进行了全盘梳理。

要想促成这件事，必须分两步走：

第一步，把老康德尔拉到谈判桌上；

第二步，找到双方都满意的方案，促成两家的合作。

希尔顿先向老康德尔发出了谈判邀约，可是人家根本不买账。但是，希尔顿同律师团队一起，找到了大厦空间权规定中的一个漏洞——条款规定，只要希尔顿能出两倍价格，他就可以买下大厦的空间权。看到机会之后，希尔顿向康德尔大厦报价。老康德尔立刻坐不住了，乖乖地来到了谈判桌前。（了解对方的需求。）

虽然两家都坐下来谈了，但是老康德尔依然执拗地不肯转让所有权，谈判又陷入了僵局。

不过，在交流的过程当中，希尔顿敏锐地捕捉到，老康德尔不想卖大厦的原因，其实是想把大厦留给子孙收房租。而且，老爷子经营大厦几十年，对这栋建筑是有感情的。他怕别人接手之后，改变大厦的原貌。（了解对方的需求。）

了解了老康德尔的真实意图之后，希尔顿马上转变了谈判思路。他提出承租大厦 50 年，这样不仅保证康德尔家族的子孙能够收到租金，同时也可以长期占有大厦使用权。此外，希尔顿还承诺定期维护大厦，并且不改变大厦原貌。（梳理双方共同的利益点＋利益再分配。）

老康德尔听到这个方案之后欣然同意，希尔顿也如愿以偿地扩张了他的商业版图。你看希尔顿谈生意的策略，不正是运用共赢思维实现双方目的的典型案例吗？

结合以上的案例，我们也可以将"共赢思维"总结为以下公式：

共赢思维＝了解对方的需求＋梳理双方共同的利益点＋利益再分配

希望你在日常的商务沟通中，也可以把这个公式用起来。

商业谈判四步法：把对手变成合作伙伴

当然，你也许会觉得，那些巨头的案例离我们太远了，我就是一个小老板，平时遇到的谈判对手都挺难缠。我也不可能像希尔顿那样，找个律师团队帮我找对方的法律漏洞，那该怎么办啊？

我觉得，这其实是我们大多数人都面临的状况。我们没有那么多资源，却遇到了棘手的谈判对象，这种问题怎么解决？

下面这个我亲身经历的案例，会给你很大的启发。

我作为连续创业者，遇到过不少竞争对手，相信你身边也会遇到像Tony一样的竞争对手。

故事的开场，源于一次培训之后的聊天。作为网红电商培训行业的"案内人"，Tony一直想用新模式打乱现在的市场秩序，让自己成为这一行的龙头。

那天，他得意地对我说："楠姐，你别看这些搞网红培训的现在风光，只要我这个模式一出手，他们全都会败下阵来！"

听到他这么说，虽然内心觉得诧异，但是我并没有急于否定他，而是说："你在这个领域摸爬滚打这么多年，肯定是有什么高招，能分享一下吗？我愿意洗耳恭听！"

他说:"你看啊,现在网红培训市场的价格、秩序、份额,都基本形成了,想要分一杯羹就必须把这个市场的水搅浑。"

我不动声色地听着,想看看他的葫芦里到底卖的什么药。

他接着说:"我可以先用超低的线下培训价格,抢夺那些头部机构现有的流量。比如,现在的线下培训课价格是7999元,那我就把定价改为488元,再用同样的导师教同样质量的内容。这样,我可以很轻松地把流量都分走。"

听到这里,我不解地问:"你的课程价格如此之低,你怎么赢利呢?"

"这很简单。"他继续说道,"我把流量吸引过来之后,再开发一个8888元甚至几万元的高阶课程。然后,深挖这些学员的深度价值。在挤垮同行业的竞争对手之后,实现市场的垄断。"

听他说完这番话之后,我在想如果这件事他办成了,整个市场确实会在某种程度上被搅浑,而且像我一样开设类似线下课程的也会受到一定的冲击。

但是,此时我并没有急着去谴责他或劝阻他,反而对他说:"你太有头脑了,而且你的商业模式会取得很大的成功。你的新模式具体是怎么运作的呢?我对此特别感兴趣,你能具体说说吗?"

听到了我的肯定,Tony讲得更加起劲。

他说:"除了课程价格低,我还能给学员提供免费的食宿以及拍摄和直播场地。拍摄及直播场地目前在北京,虽然小了点,还没有配套设备,但是做培训前期肯定够用。"

这时我打断了他的话,并对他说:"你的模式非常好,但是场地欠缺了点,我正好可以给你提供国家级别的拍摄及直播培训场地,而且能够嫁接供应链和直播间,培训场地完全免费。除此之外,我还能请到当地领导给活动站台,请主流媒体全面报道你的培训活动,为你背书。"

看到他连连点头，我接着说："我可以把我的低阶业务交给你做，你把你的高阶课程业务放在我的体系里。这样我们可以共同引流和转化。"

"那太好了，我非常期待和楠姐的合作！"我们在欢笑和碰杯中结束了谈话。

看到这里，大家已感受到我是如何用寥寥数语把对手转化为合作伙伴的。但我想要告诉大家的是，这些看似漫不经心的谈话，其实都是我在用"商业谈判四步法"精心安排的结果。

我将"商业谈判四步法"总结为以下公式：

商业谈判四步法 = 认可对方 + 寻找突破 + 提供价值 + 提出共赢合作方案

如果你想轻松解决谈生意的难题，那么请务必看看以下我用"商业谈判四步法"对这个案例的复盘。

第一步：认可对方

面对市场秩序的破坏者，我的第一反应并不是去诋毁他。因为口水战不仅不能解决我所面临的危机，反而会因为论战给他制造流量。因此，这次危机必须通过谈判解决。

我开始使用"商业谈判四步法"的第一步：认可对方。

在谈判中，我对他说："你太有头脑了，而且你的商业模式会取得很大的成功。"相比于诋毁对方而言，给予对方认可不仅可以拉近谈判双方的距离，而且可以让对方放下对你的戒备心理，便于完美地进入第二步：引出对方的真实意图，找到谈判突破口。

第二步：寻找突破

在对方接受我的认可之后，我接着问对方："你的新模式具体是怎么运作的呢？我对此特别感兴趣，你能具体说说吗？"听到我的提问之后，对方向我和盘托出了他的商业模式。

在第二个步骤当中，一定要注意多听多思考对方提供给你的信息。闭上自己的嘴巴，认真倾听对方说的话，不能让对方感到你对他有敌意。

对方在向我解释自己的商业模式时，我敏锐地发现他的模式当中有个关键信息：虽然他能给参加培训的学员提供免费的上课场地，但是场地没有专业设备，而且较为狭小，并不适合作为直播基地使用。学员学直播，肯定不想只是纸上谈兵，而是希望可以在实践中学习，因此，场地是非常重要的，也是较为稀缺的。

这个看似不重要的信息，正是我谈判成功的关键。我与他谈判的目的是将竞争对手转化为合作伙伴，从而消解他对我的潜在威胁。要达成合作共赢，就必须能够抓住对方的弱点，给予他最想要的东西。当下不能给学员提供优质的场地，正是他的弱点所在，同时也是我谈判的突破口。

第三步：提供价值

找到突破口之后，我开始了谈判的第三步：提供对方需要的价值。

针对他目前培训场地的缺陷，我提出："我正好可以给你提供国家级别的拍摄及直播培训场地，而且能够嫁接供应链和直播间，培训场地完全免费。除此之外，我还能请到当地领导给活动站台，请主流媒体全面报道你的培训活动，为你背书。"

在听完我能够为其提供的价值之后，对方脸上一下子就舒展了，我看到了他眼睛里绽放的光。我知道，他一定非常感兴趣。

第四步：提出共赢合作方案

之后，我便顺势开始了谈判的第四步：提出共赢合作方案。

我告诉他："我可以把我的低阶业务交给你做，你把你的高阶课程业务放在我的体系里。这样我们可以共同引流和转化。"

听完我提出的合作方案，他立刻表示同意。就这样，我用"商业谈判四步法"成功化解了一次商业危机。

不论你是企业家、创业者、公司高管还是职场新人，只要把握好"共赢思维"，并且熟练运用"商业谈判四步法"，就一定能为谈判的成功打下坚实的基础。

【价格谈判策略】

价格谈判策略：谈价格的核心，是讲关系

谈价格是谈生意中最重要的环节之一，也是最棘手的环节之一。你是不是经常因为和客户谈价格而感到头疼，软磨硬泡也无法把对方的价格压下来？你是不是为了谈价格和客户谈感情，而客户却只和你谈钱？你有没有想过，为什么每次与客户谈其他合作细节时都挺好，其乐融融，而到了最后谈钱的环节却容易崩盘呢？

如果不擅长和他人讲价，每次和合作方谈到钱都感觉束手无策，那么我的价格谈判策略正好能解决你的问题。

在提供方法之前，我想先跟你讨论一个话题，那就是谈价格的意义。

不知道你有没有仔细去想过，谈价格本身的意义到底是什么。当我们的谈判进行到谈钱这个环节的时候，是不是真的在谈论"钱"本身呢？我给出的答案是否定的。

很多人把谈价格看成纯粹的讨价还价。殊不知正是这种谈判思维，让你陷入"价格战"的陷阱，无法谈成双方都满意的条件。比如我开价

5000元，客户说4000元行不行？我说不行，这是最低价格了。然后，我们就在这儿为了1000元钱拉拉扯扯、来来回回。这样，最后能谈成吗？多半是谈不成的。这种谈判思维有个很明显的特点，就是只看价格的数字，却不看价格背后的附加值。

总之，关于如何谈好价格这件事，关注重点不应该是在谈价格本身。那么，谈价格的重点究竟是什么呢？

想想我前面举的那个是4000元还是5000元的例子。我们很多时候在乎的其实并不是谁要在数字上做出一点点让步，而在于谁能在这次的谈判过程中占到上风，争夺话语权。所以，让我们把关注点从"钱"上转移出去，我们看看怎样通过"不谈钱"而"谈钱"。

有人认为，可以只通过谈交情来压价。对此，我的观点也是否定的，因为交情和交易有着根本区别。

加拿大心理学家黄焕祥认为，认识一个人，就像在关系中开了一个账户，你们彼此都有一个隐形的"好感存款"。但不应该因为喜欢对方而让"好感"直接等于"信赖资产"，即使有感情也不该只感性地盲目相信对方。虽然信赖必须建立在交情之上，但交情不等于值得信任。就像你去买东西，销售员亲切热情的接待让你感觉很舒服，但不代表他所贩卖的东西绝对会让你满意。

你要知道，价格很冷血，是没有温度的，你要压低价格，本质上是在**伤害对方的利益**。所以，我们不可能仅仅用谈交情的方法就能成功地压价。有不少人认为，自己和一个客户是老朋友了，只要谈谈心、聊聊交情，就能把价格谈下来。然而，用这种方式谈价格，经常达不到效果，还会消耗彼此的感情。因为商业活动的最大特点，就是以商业利益为根本出发点。客户接受了你开出的价格，并不是因为你们一起喝过多少顿酒，或者一同蒸过几次桑拿，而是因为你提供的价值达到了他的心理预期，你们的商业利益达成了一致。

那么，怎样谈价格才是最有效的策略呢？我认为，你在和客户讲价的时候，不能只讲表面上的交情，一定要讲关系。

什么意思呢？因为价格很单一，你要让对方让步就必定会让他的利益减少，这是绝大多数人都无法接受的。但是，关系层面水很深，在谈价格的时候讲关系，会有很大的回旋余地。而且关系不能量化，用关系作为压价工具，能够让清晰的价格模糊化，进而为谈价格创造更大的空间。

所以这也是为什么我在前文中一直在强调我们要跟客户、合作方建立关系，并且升华关系，提升客户对你的信任感。如何升华关系，方法也有很多，比如想办法投其所好、想办法与对方共情、维护好客户身边的重要人物等。而我在这里想要着重提醒的一点是，把价格差放在货物上，只能收获一个客户，而把价格差放在人身上，说不定就能收获一个朋友。所以从这个角度来讲，合理利用关系是我们在谈判过程中一个非常有效的价格策略。

但是请注意，在谈价格的时候讲关系和仅仅谈交情是有着本质区别的。讲关系并非将关系作为谈判筹码这么简单，而是将谈判的博弈关系多元化，在更加复杂的谈判场域中寻找更符合双方利益的平衡点。而且，在价格谈判当中能够使用的关系也具有选择性，并非所有的关系都能被用在谈价格的过程当中。

能够被用在价格谈判当中的关系，主要包括强关系、弱关系、可期待关系。将这些典型的关系运用到价格谈判当中，必须运用相对应的有效策略。下面我们将针对不同的关系类型，详细讲解有效的价格谈判策略。

如何运用强关系谈价格

强关系指的是双方利益高度一致的关系,也就是我们俗称的"关系过硬"。如果在价格当中巧妙运用强关系,则能够很有效地进行"杀价"。那么,你在谈判当中应该如何运用强关系呢?

举个例子,我的一个学员是做房地产生意的,她有一位甲方,关系实力很强,甲方介绍给她一个中间运营环节的服务商,她不得不与其合作,但是这个服务商比较贪婪,在价格上一直纠缠,所以每次谈价格,这位学员只能单方面让利,使得她能获得的利润少了很多。但是,她用我短视频中的方法去谈判之后,顺利地把价格谈了下来。我曾经分享的内容如下。

楠姐:高总,快请坐(倒水)。
高总:楠总,这价格也不对啊!
楠姐:哪里不对啊?
高总:再加点。
楠姐:加不动了。
高总:我可是甲方推荐过来的。
楠姐:所以这块交给您做啊!
高总:你再想想,怎么甲方就没推荐别人呢?

楠姐：您也再考虑一下。

高总：考虑什么？

楠姐：这么大的项目，怎么就我拿到了呢？

从这段对话当中可以看出，一开始这位运营商的态度非常强硬，因为对方是甲方推荐的，我当然不想得罪甲方，不过想和对方商量着谈成一个双方都满意的合作价格，实际上是非常困难的。

如果我在这种情况之下只就价格的多少和对方谈判，显然会处于较大的劣势当中。但是，我在谈判当中加入了强关系这个谈判筹码。

我对高总说："这么大的项目，怎么就我拿到了呢？"这句话对于整个谈判很关键，因为它向高总点明了之所以我能拿到这个项目，那一定是有比高总和甲方更硬的关系。高总在知道这个信息点之后，就会在内心衡量一下，到底是价格重要，还是维护自己和甲方的关系更加重要。面对比自己更加强势的甲方，高总自然会选择维护关系。因此，我也就顺理成章地争取了自己的利益，避免了一味地退让。

用强关系压价格，类似于"驱虎吞狼"。本质上是表明自己的关系很硬，我能拿到这个低价格是有原因的，请你接受这个价格，咱们长期合作，对彼此都有好处。这种做法就是通过加入强关系，让原本仅仅针对价格的谈判变得回旋空间更大。强关系的加入，也让双方博弈变成了多方博弈，将原本在弱势一方的谈判压力转移到了强势一方。当你面对的合作方处于强势地位，在谈价格的时候你又没有其他筹码，那么不妨试试加入强关系的谈判策略，让自己在谈判中掌握主动权。

如何通过加强弱关系谈价格

在价格谈判当中加入强关系，目的在于使用强关系给对方压力和动力，获得想要的价格。那么通过加强弱关系谈判，则是将原本比较疏远的关系强化，或者让原本没有关系的双方建立关系，并且通过强化弱关系产生附加价值，让自己在价格谈判中占有优势。

要用加强弱关系的方法进行价格谈判，必须在谈判之前做好对方的背景调查。比如，对方是否有孩子，对方的老公或者老婆从事什么行业，对方正在与什么样的客户合作，对方周围有没有你认识的人等。因为你和对方是弱关系的状态，要拉近双方的关系，就要找到两个人建立关系的突破口。在谈判之前做背景调查，就是要达到这个目的。

做好背景调查之后，还应该对自身能够给对方提供的附加价值作出评估。比如，对方的家人生病，你恰好认识某个医院的大夫，就可以用你掌握的资源作为合作的突破口。或者，对方一直希望和一家大公司合作，但是苦于无法和这家公司搭上线，你如果能帮忙牵线搭桥，那么就会瞬间拉近双方的关系。对自己能够提供给对方的资源进行评估，是要看自己能否给对方提供附加价值。当你能够提供的附加价值正好是对方需要的，在谈价格时就可以通过这一点争取更大的议价空间。

当你的附加价值高的时候，你与对方谈价格，对方普遍会选择让一步。因为最高的价格只是对方的心理价格，你为对方提供的附加价值，本身就会在无形中被计入对方的价格评估系统。

做好背景调查以及自身资源的评估之后，就可以进入实质谈判的阶段。

举个例子，我与一个网红谈合作，在谈到分成比例的时候，我提出给她的佣金比例为15%。这个价格显然不符合她的心理预期。

于是，我对她说："我知道，给你15%的佣金比例，相比于其他公司而言，这个条件并不高。但是我可以给你提供工作室，这样你不需要自己另外组建团队，反而能降低成本，你只需要专注在你擅长的创作领域，不必再分心于你不擅长的运营及成本控制，这样对你来说更加长远，对现阶段也更为有利。"

见她点了点头，但并没有马上心动。我接着对她说："听说你的孩子正在找国际幼儿园入学？这事办得还顺利吗？"

那个网红说："我一直在找，但是还没有找到合适的。我想让孩子每天只上半天学，找了很多国际幼儿园，还没有找到能满足这个要求的。"

我对她说："你的这个要求，一般的国际幼儿园是无法接受的。但是，我有个朋友是一家知名国际幼儿园的校长，我可以和他商量一下，应该可以满足你的要求。"

这时，我已经成功拉近了双方的距离，我们之间的弱关系也变成了强关系。而我给她提供的附加价值，比如提供工作室、运营团队和帮她的孩子找合适的国际幼儿园，正好弥补了她佣金价格的心理落差。所以，她最终选择和我合作。

复盘这个案例时，我们可以看出，我给她提供的附加价值其实都是我的现有资源。可以说，这些资源对我来说，是不会造成压力、相对轻松的。但是，就对方而言，这些资源却能解决她的燃眉之急。如果能和我合作，那么她得到的价值远远高于这15%的佣金，她自然很痛快地接受了这个比例。

如何建立可期待关系谈价格

除了运用强关系和加强弱关系谈价格，建立可期待关系也是谈价格的好方法之一。

什么是可期待关系呢？举个通俗的例子，当你去相亲的时候，你和相亲对象之间就是典型的可期待关系。这种关系的典型特征就是，你和对方并不熟悉，甚至完全没打过交道，但是一个共同的目标将你们链接到了一起。在商业合作中，双方基于对未来的共同期许，你们可以通过一起合作，让双方的利益最大化。

面对第一次合作的新客户时，建立可期待关系是拿到理想价格的有效方式。因为你与客户并不熟络，双方可交换的资源并不多。而且，由于双方都没有共过事，难免处于利益权衡甚至相互猜疑的状态。建立可期待关系，就可以拉近你和客户的距离，为谈价格打下基础。

如何建立可期待关系呢？请看公式：

可期待关系 = 附加价值 + 期许

建立可期待关系需要既给对方附加价值，同时也要给对方留下对未来的期许。心理学中有个皮格马利翁效应，是指通过对他人心理潜移默化的积极影响，从而使其取得原来所期望的进步的现象，即对人们的期望值越高，他们的表现就越好。比如，教师寄予很大期望的学生，经过一段时间后测试，他的学习成绩相对于其他学生往往会有明显的提高。

期待是非常具体的，能够在行为上或语言上、态度上表现出来。在我们内心深处，我们对自己、对他人有期许，他人对我们也有期待，我们也需要很清楚地了解彼此的期待。因此，在价格谈判的过程当中，对你的谈判对象作出可预期的许诺，就是在其潜意识当中植入了期待。这会在很大程度上影响对方在谈判中的心理状态，在价格选择上作出让步。

我在和别人谈价格的时候，也经常被对方提供的期许和附加价值影响。就拿这次出书的合作来说，我在选择合作伙伴的时候，并没有选那些版税比例更高的出版社，而是选择了能给我提供更多附加价值、让我对未来产生期许的合作伙伴。因为我们在谈价格时，对方承诺不仅可以保证书稿的质量，而且在我写完书稿之后，会配有非常专业的宣发和丰富的渠道资源。除了出版合作，对方还给我分享了筛选好书的方法，让我了解到当下的读者更喜欢什么样的作品。此外，当了解到我要创作线上课，还主动提出可以帮我对接线上课的运营资源；当我提出我的商学院未来会组建一个读书会时，这家出版社也提出愿意成为我的伙伴，提供给我不是十分了解的行内信息。

这样的合作伙伴可以持续不断地为我提供价值，作为着眼于未来的人，我当然非常愿意和他们合作。

对方在谈判中释放了我没有的资源，为我提供了宝贵的附加价值，作出了对未来的承诺，让我形成了心理期待，这对我的心理价位造成引导，最终让我同意了他们提供的低于同行的版税比例。

价格谈判是人与人之间的谈判，谈的是价值，而不仅仅是价格。你在谈判的过程当中，必须时刻把握对方的心理状态，在准确了解双方谈判形势的基础之上，运用强关系、加强弱关系、完成可期待关系，对谈判对象进行心理引导，从而在压低（或提高）价格的同时，实现双方价值的最大化。

远离价格谈判中的"绊脚石"

管理大师杰克·韦尔奇说过,做生意是个不断筛选客户的过程。一个成功的生意人,就像优质客户"收割机",一定会想方设法地把有价值的客户留在自己的交际圈子里。当一个陌生客户成了回头客,说明你已经拿下这个人了,能为对方提供更多的价值。同时,你也可以从对方身上不断挖掘价值。

优质客户往往不会在价格上和你较真,他们更在乎的是你能为他们提供的其他资源。在你们合作的过程中,你只要能给他们不断提供附加价值,即使你的价格低并非最合适,他们也会毫不犹豫地选择你。

相比于优质客户而言,劣质客户是你必须远离的群体。劣质客户的普遍特点是以自我为中心,很少会在意对方说什么。具体到价格谈判当中,这类客户会不断压低你的价格。优质客户能够听懂你说什么,并且站在你的角度去考虑问题。

但是,劣质客户从不会去听你说什么,他们的心中只有自己。你很难与这类客户达到共赢的状态,所以要多选择优质客户,淘汰劣质客户。

我在遇到劣质客户恶意压低或抬高价格的时候,就会果断终止合作。

有一天,同事畅来找我:"楠姐,石总一定要找你。"

我有些纳闷，畅从一个多月前就在对接这个石总了，到现在还没有进展，看来很棘手。

石总见到我之后，开门见山："楠总，这个价格我还不满意。"

畅带着不满的语气补充道："楠姐，总共十几万元，我给石总都优惠5次了。"

我接过合同看了一眼，这已经接近底价了，然后果断对石总说："这个价格确实不行。"

石总得意地说："哼，我说吧，还得找你。"

我再次强调："您误会了，您这个价格我做不了。"

石总有些生气："你不做，有的是人做。我可以找别人。"

我笑道："好啊，您慢走。"

畅问我："楠姐，不是都说顾客是上帝吗，我们这么直接拒绝，算得罪上帝了吧？"

我说："可惜啊，他不算我们的上帝。"

"算什么？"畅问。

我回答："绊脚石。"

在和石总的谈判过程中，畅已经给他优惠5次，这已经是我们能作出的最大让步。但是，石总却一味地压低价格，得寸进尺，这就是典型的劣质客户的表现。对于这种劣质客户，你的第一选择就是将其从你的客户名单中画掉。尤其是像石总这样的客户，我们合作的项目本身不大，只有十几万元，却耽误了大量的时间，浪费了资源。这样的"绊脚石"，当然要尽快搬走。

我的公司在签约网红的时候，也非常注意对方在谈价格时候的表现。有些网红懂得感恩，虽然也会谈利益，但总会带着共赢的心理。他们能够站在你的角度考虑价格，事实证明，这样的伙伴就可以合作很长的时间。

而且在我们的合作中，也很少会因为一些鸡毛蒜皮的事产生矛盾。

相反，有些网红在谈价格的时候，会反复强调自己的需求，比如要赚更多的钱、要买房和换车等。他们并不听你传递的信息，而是站在自己的立场让你不断加价，即使你已经提供了足够的附加价值。这种人毫无同理心，非常不适合长期合作。

通过谈价格，你可以立刻判断出一个客户的优劣，决定双方是否要做生意，精准"避坑"。你要记住，**客户并非越多越好**。你在积累客户的同时，**也要学会做减法**。通过谈价格，识别出客户的好坏，不断积累优质客户，剔除劣质客户，让你的生意进入良性循环。

【说服策略】

试图说服别人，正是你谈判失败的原因

你一定听说过这些观点：想要说服对方就必须营造一种"霸气"的氛围，要用气势去说服对方。或者，只要你的逻辑够清晰，资料准备得够翔实，别人就会跟着你的思路走，最终被你说服。你知道吗？这些看似有道理的说法，正是你无法说服别人的原因！

事实上，我认为"说服别人"这个说法从本质上并不成立，每个人的需求、三观和想法都不同，让别人听你的很难。真正的谈判高手，从来不试图去说服对方，而是善于站在对方的角度思考问题，把说服对方变成成就对方。

比如，我们在玩剧本杀的时候，"贴脸"这种玩法是最容易穿帮的。"贴脸"就是那些明明拿了狼人牌的玩家，非要声泪俱下地让人认为自己真的不是狼人。你仔细想想，"贴脸"不就是那些非要声嘶力竭地说服别人的人吗？这类玩家往往会第一个成为被所有人怀疑的对象。

现实生活中同样如此，一个女孩和男朋友分手之后特别消沉。这时很多关心她的人会说："你看世界多么美好啊，干吗为一个男人不开心

呢？""三条腿的蛤蟆不好找，两条腿的男人有的是，再找一个吧！""人要有正能量，你可不能再消沉下去了！"这些道理听上去都很正确，但是这个女孩听完之后，多半只会更加伤心，因为没有人是站在她的角度考虑问题的，都是在否定她当下的情绪。如果你是她的闺密，对她说一句"没关系的，我理解你的难过，想哭就哭出来吧。我会一直陪伴你，支持你！"则更能解开她的心结，远远胜过那些说教。

所以我总是说，当你试图说服别人的时候，你已经埋下了谈判失败的伏笔。因为你的这种做法，往往会收到相反的效果。

让别人认同你的想法，必须关闭对方的心理防御模式

为什么你越试图说服对方，越适得其反呢？因为当你说服对方时，他的内心会自动开启心理防御机制。弗洛伊德认为，心理防御机制是指个体面临挫折或冲突的紧张情境时，在其内部心理活动中具有的自觉或不自觉地解脱烦恼，减轻内心不安，以恢复心理平衡与稳定的一种适应性倾向。当一个人试图说服你时，对方的语言在直接挑战你当下的决策和观念，这就是一种冲突，而面对这种冲突，你的第一反应往往是否定和拒绝。

心理学上有一个现象可以佐证这个观点，那就是逆火效应，它解释了一个人为什么越被说服，反而越"固执"。逆火效应的意思是，当人们遇到与自身信念抵触的观点或证据时，除非它们足以完全摧毁原信念，否则这些观点和证据反而会使原信念更加强化。很多人都遇到过这种情况，比如家里的老人非要给骗子打钱，拦都拦不住，连警察和银行劝阻都不信。抑或是老人喜欢买三无保健品，无论子女怎样摆事实、讲道理，拿出报纸上的新闻给老人看，拿出一大堆科学道理试图劝说老人，老人都依然固执己见，甚至有的时候，你劝说得越凶，老人买得越多。

再比如，有的年轻人追星时特别狂热，喜欢某个明星，就只愿意相信

这个明星的正面信息。如果那个明星出现负面新闻了，不仅不会摧毁追星者心中的那个完美偶像，反而还会让他们强化这种喜欢，这就出现了明星"负面新闻越多，粉丝越喜欢"的奇怪现象。

再举个例子。我在去美发店打理头发的时候，经常被发型师缠着推销各种会员卡和护肤品。一开始，我也许会碍于情面买一两件产品，不过时间长了之后，我可能再也不会到这家店了。因为这样的沟通方式，让我的心理防御机制完全打开。在这种状态下，他不论提出什么建议，哪怕他的建议真的对我有用，我也会直接否定掉。这种尝试说服别人的沟通方式，显然是非常失败的。

我们都会认为改变别人错误观点的最好方式就是用事实说话。但是，这种我们认为是温和的反驳很可能产生反作用。好的沟通方式，需要先弄清楚对方的真正需求，表示对对方的理解和支持，可以适当摆事实，但最终要将选择权利留给对方。

也许有人会说，说服别人本身就是一种进攻状态啊，将选择权让给对方，难道不怕对方反客为主吗？

在谈判当中，说服别人本质上是一种博弈状态。博弈就意味着你来我往，而如果只知道进攻，最后往往会导致你们的对立及冲突，这样就会让谈判变成成王败寇的死局——谁也不想成为那个被彻底打败的人。

一个谈判高手，从来不会把谈判变成这种死局。一旦双方陷入死局，对方就会觉得你是来攻击他的。这时候，他的应激反应会让他处于封闭状态，完全不会理解对方传达的信息。在谈判或者沟通当中，站在对方的角度考虑，给对方留些余地，反而会拉近双方的距离。让双方进入一个相互信任的状态，这也会让你的沟通和谈判迈出成功的第一步。

双方达成一致，真的是因为你说服对方了吗？

在谈判当中，对方接受了你的要求或者提议之后，你会觉得是自己说服了对方，但事实真的如此吗？我认为，谈判双方达成一致，并非因为你用表面的话术说服了对方，而是对方认为你和他的利益一致，你把他变成了自己人，抑或是他把你变成了自己人。

其实，这个道理从古至今都没有变过。相信稍微了解一点《三国演义》的人，都对诸葛亮舌战群儒，促成孙权和刘备的联盟印象颇为深刻。当你折服于诸葛亮精湛的外交辞令时有没有想过，诸葛亮的成功并非因为言辞有多么犀利，而是因为他的话说到了孙权的心坎里。

我们看看当时孙权的处境就会知道，东吴外有曹魏大兵压境，内部有许多权臣主张投降。对于那些大臣而言，投降曹魏只不过是换了个主子。但是对于孙权来说，投降一定会身败名裂。所以，他的内心是不想降曹的，只是面对强敌没有抵抗下去的理由。

而诸葛亮的出现，则为孙权算清了联刘抗曹的好处，既符合孙权的利益，又能让刘备得到千古难逢的发展机遇。于是，孙刘两家在联合抗曹这件事上达成了利益一致，孙刘联盟就这样被诸葛亮促成了。

你也许会说，这些历史故事离我太遥远了，我一个小业务员就想谈成一单合同，我该怎么做呢？接下来的这一小段对话示范，一定会对你有所启发。

楠姐：恭喜刘总中标呀！

刘总：侥幸侥幸！

楠姐：确实要向您学习，方方面面做得很细致，我输得心服口服。

刘总：楠总过奖了。

楠姐：刘总，精装部分交给我做怎么样？

刘总：这……

楠姐：您知道这部分我是强项，我给您底价，比您自己做最起码省10个点。

刘总：嗯……我回去考虑一下。

楠姐：咱们虽然是竞争对手，但也可以是合作伙伴。

刘总：是的。

楠姐：我诚心合作，保证您的利益最大化，当然对我公司也好。

刘总：好，就这么定了，我相信楠总。

楠姐：谢谢刘总，合作愉快！

从以上这场对话中我们可以看出，作为竞争对手，我与刘总之间是很难合作的。但是，我们为什么最终达成了合作呢？因为在沟通中，我不仅向对方表达了祝贺、认可和尊重，还给对方提供了后续合作上的价值，告诉刘总我可以给他项目实操环节业务上的底价，比他自己做最起码省10个点。两家如果合作，那么就会优势互补，达到利益的最大化。所以，即使是刘总这样的竞争对手，只要双方利益一致，我也可以将其拉到同一战线。你看，这场对话非常简单，我没有用一大堆的违和道理来拼命说服对方，只是精准地把关键信息传达给对方，从情绪和利益上满足对方即可。

说服公式：如何说服最"难搞"的人

现在，你已经知道了说服对方靠的不是道理，也不是气势，而是从情感和利益上成就对方。在实际的谈判当中是否依然感到束手无策？如果答案是肯定的，我的说服公式一定会对你有所帮助，公式如下。

说服别人＝肯定对方＋达成利益一致＋升华关系＋相互成就

这个公式分为四个步骤：

其一，肯定对方；

其二，达成双方利益的一致；

其三，升华双方关系；

其四，相互成就。

我经常用这个公式解决许多棘手的问题，面对一些难以搞定的谈判对手，用这套公式总是能收到出其不意的良好效果。

比如，我在做短视频电商之初，想邀请一位博主一起合作。但是，这位博主是出了名地难搞，曾经有许多老板邀请她合作，都被拒绝了。我分析了一下，因为这个人有自己的流量和运营团队，她完全可以独立运作。

她认为，如果自己再接受其他合作者的话，就意味着要与别人多分一杯羹，会对自己造成损失。

要说服这个人是非常困难的，但是我却通过一次聊天，让我成了她唯一的合作伙伴。

见面之后，我便对她说："你这么优秀，不出圈太可惜了！"这么说是因为我提前做了功课，研究了她的履历，看了她所有的视频作品，知道她想要什么。

对方先是一怔，然后笑着说："楠姐过奖，我想出圈也没有这方面的资源啊！"

"楠姐有很多媒体、导演和明星资源，比如×××就是我的合作伙伴。"我一边说，一边注意她的表情，明显看出她眼前一亮。

"而且我们都是女人，都有孩子，我很能理解你的不容易，咱们可以当姐妹相处。合作这件事儿，谈得来是最重要的。"我接着说。

"我也觉得和楠姐很合得来。"她说。

"你看你这么优秀，我真心觉得你能更好。我手里的这些资源，你都可以用。不仅能提升影响力，增加更多的曝光机会，而且相信后续的收益也能有所提升。"我说。

她心动了，说："楠姐有什么好的合作计划吗？我觉得咱们可以一起做点事。"

我把事先准备好的合作方案向她详细讲述了一遍，她听后很感兴趣，双方很快达成了合作协议。我给她做私域流量，帮她开店、做自有品牌，双方共同赢利。

你一定觉得，这段对话也太简单了吧，看不出来有什么玄机啊。

因为在这次谈话之前，我就已经调研和分析了对方的需求。虽然她是个小有名气的博主，并且不缺钱，但是，她的虚荣心还是很强的，希望能有机会出圈，得到更多主流媒体的曝光。这些她自己没法获得，而我却可以给她提供想要的资源。接下来，我用说服公式展开了和她的沟通。

第一步：肯定对方

我在一开始就对她进行了肯定和启发，对她说："你这么优秀，不出圈太可惜了！"这句话简单而有力。说这句话的目的在于，肯定她的成绩从而拉近两个人的距离，并且激发她的虚荣心。

第二步：达成利益一致

接下来，我列举自己拥有的明星、媒体、导演资源。这既是展示自我价值，同时也是告诉对方，如果我们合作的话，可以达成利益的一致。

第三步：升华关系

紧接着我对她说："我们都是女人，都有孩子，我很能理解你的不容易，咱们可以当姐妹相处。"这句话向她传递了一个信息，就是我们都是做母亲的人，有很多不易和共同点，我们可以更加亲近。这样就在无形中升华了两个人之间的关系。这一步非常重要，可以让我们建立无形的情感链接。

第四步：相互成就

谈话进行到这里，很多人就会直接提出合作的提案了。但是，这样做反而会激起对方产生心理防御机制。因此，我并没有急着向她提出合作，而是向她保证可以给她想要的资源，让对方感到我只是想要成就她。此时，对方反而会放下戒备心理，主动找我要合作方案。

有人说，人际关系中最难的事情有两件，一是将别人的钱装进自己的口袋，二是将自己的观点装进别人的脑袋。谈判高手都懂得一个简单的道理，那就是没有人能够被说服，除非这个人自己想改变。因此，说服对方实际上是个伪命题。如果对方赞同了你的要求，并不是因为他被你说服了，而是因为你的语言满足了他的心理需求，而且你的提议正好精准地满足了他的利益需求。当你明白了这个底层逻辑，并且能熟练掌握说服公式，那么不论遇到多么难搞定的对手，你都能处变不惊、灵活应对。

4

高情商谈判法则：让情绪为你所用

　　心理学家鲍里斯·洛莫夫认为沟通有三类：一是信息沟通，二是思想沟通，三是情绪沟通。
　　要练成谈生意的高手，仅仅掌握一些表面的谈判技巧和话术还远远不够，我们还需要精准把握谈判的情绪、心理和思想，真正获得他人的信赖。

4

情绪工具：如何掌控双方的情绪

情绪是工具

一次商业聚会的时候，学员 Amy 向我抱怨："楠姐，我的一个合作伙伴曝出了负面消息，肯定没法继续合作下去了！但是，他和我大吵大闹，赖着我不想解约，弄得我特别被动！真是气死了！我该怎么办啊？"

如果你谈的合作足够多，一定也遇到过和 Amy 一样的问题吧：谈判的时候，对方情绪失控；你带着情绪谈判，不仅自己心乱如麻，而且谈判的目的也没达成；你经常觉得自己如果没情绪就好了，这样就不会在谈判的时候被双方的情绪带偏。

如果你有这些想法，那么你真的需要掌握我经常使用的"情绪工具"，因为"情绪工具"不仅能帮你掌控谈判双方的情绪，而且还能够让你在谈判当中获得出其不意的良好效果。

你的情绪，正是帮你通向成功的宝藏

你也许会问："楠姐啊，我也试着运用自己的情绪，可为什么我的情绪总是在谈判的时候起到负面作用呢？"其实，你的情绪之所以没法在谈

判当中起到正面作用，关键在于你没有将情绪当成工具，你的一举一动只是出于本能而已。

  人的大脑当中最神秘的地方，就是我们脑后的杏仁核，那里是最原始的掌管我们情绪的那个部分。很多人由于缺乏对情绪的训练，杏仁核特别缺乏控制力。外界稍微有点风吹草动，都会让它情绪失控。你要让情绪成为你成功路上的宝藏，就必须转变你的思维模式。学会用你的意识去调动情绪，而不是让你的头脑被情绪调动。

  比如，我的朋友圈子中有个特别优秀的商业顾问，她能够通过客户的情绪，准确洞察客户的需求，客户想要什么她都知道。后来，我在和她聊天的过程中才知道，原来她小时候她的父母经常吵架，然后每天回到家，她都要先观察一下家庭氛围怎么样：今天是大声说话还是小声说话，能不能把不好的消息告诉爸妈，她应该用什么情绪去和父母讲话。也正是因为从小进行的这种情绪感知以及情绪控制的训练，所以她洞悉客户心理的能力特别强。而且，她总能采取正确的情绪去应对客户。

  当然，我举这个例子的意思不是说家庭关系不和谐的孩子更有这方面的能力，而是告诉大家，你的情绪潜能非常重要。只要你用好"情绪工具"，肯定会在谈判当中如虎添翼。

  那么，如何使用"情绪工具"呢？我将其归纳为以下几个要点。

时刻不要忘记你的目标

  明确你的目标，并且以你的目标为出发点采取行动，是用好情绪工具的第一步。

  就拿 Amy 这个事情来说，我在创业之初也遇到过类似问题，最后用情绪工具很顺畅地解决了这件事。

  艾伦是我转型做直播之后的第一个合作伙伴，他非常善于运营私域流量。但是，这个人有个不好的地方，就是特别不会管理自己的情绪，稍微有点不顺心，就会和同事爆发矛盾。我在评估这个合作伙伴的时候，也考虑到了艾伦情绪失控可能带来的风险。但是，经过权衡之后，还是决定和他进行一次合作，毕竟那时自己也非常需要运营私域流量的高手。然而没想到的是，正是这个决定，差点给公司造成负面影响和打击。

一开始，我和艾伦的合作还算顺利，他只负责流量运营，不负责选品及供应链。但是艾伦的公司很快就因为他在用户群中销售不合规的产品被消费者起诉，陷入了严重的负面新闻当中。但是，他并没有在事态发展之初主动告知我，而是我通过负面新闻才得知的。加之这件事发酵后他的危机公关也没有做好，使得负面消息迅速在全网发酵，其他合作公司也纷纷与艾伦解约。

看到这个消息之后，我火速和艾伦联系谈判，协商解除合作的问题。这本来应该是一场速战速决的谈判，不想却因为艾伦的情绪缺陷，差点陷入了不可控的风险当中。

那次谈判虽然发生在夏天，但是谈判现场的紧张气氛显然已经降至冰点。

我指着双方签订的合作合同对艾伦说："因为您的公司现在深陷负面消息当中，已经触动了合同的解约条款，所以我希望解除咱们的合作关系。"

听到这句话之后，艾伦脸涨得通红，霍地从沙发上站了起来，指着我大声喊道："你这叫什么话？！我现在不正在处理这件事吗？！我又没给你的用户提供产品，我出问题只是在我自己公司这边，这和我们的合作有什么关系？！你这时候落井下石合适吗？！"

如果是个生意场上的新手，八成会被对手的情绪带着跑，和对方争执甚至对骂起来。但是，如果你这样做，就正好掉入了对方设下的圈套。你要时刻记住，谈判的人有情绪，归根结底是因为有利益矛盾。你不要陷入情绪当中，要始终以达成目标为基点，去解决利益矛盾。而不是出于本能，让你的负面情绪影响谈判。

所以，我静静地看着暴跳如雷的艾伦，心中并没有产生任何慌乱，因为他的反应正是我事先预料到的。

重复是最好的强调

我并没有刻意去安抚艾伦的情绪，而是做出愤怒的样子对他说："我今天就是来和你解除合同的！你如果不出意外，我们的合作也不会出意外！"

"我从来就没见过你这么强势的女人！我凭什么要同意解除合同？！我在前期合作当中投入很大！解除合作是不可能的！"此时的艾伦依然大喊大叫不依不饶。

"我今天就是来和你解除合同的！你如果不出意外，我们的合作也不会出意外！"我依然用强硬的语气，重复着这句话。

听到我重复这句话，艾伦先是愣了一下，然后用稍稍缓和的语气对我说："我这边确实是遇到一些困难，但是合作肯定是可以完成的，你真的不需要解约！"

"我今天就是来和你解除合同的！你如果不出意外，我们的合作也不会出意外！"我再次重复着这句话。

艾伦沉默了一会儿，情绪逐渐恢复了平静，他深吸了一口气说："那好吧，你说说你的打算。"这时，我和艾伦的这场谈判已经成功了一大半。

为什么会有这个判断呢？因为我参与这次谈判的目的是解除合作关系，那么对方在哪些情绪之下会作出不合作的决定呢？

第一种情绪是愧疚。如果对方产生了请求原谅、对不住、不好意思等情绪，多半会对你作出让步。比如，你的男朋友约会的时候迟到了半个小时，这时你如果向他提出让他陪你逛街的要求，那么他多半会同意。因为基于愧疚情绪，他会觉得自己欠你的，因此很容易作出妥协。

第二种情绪是指责。当你在对方做出事情时，假意指责对方，那么他大概率会产生羞愤的情绪。在这种情况下，你就可以利用对方的这种心理，让对方掉入你的谈判节奏。我和艾伦之间的这次谈判，用的就是第二种情绪。

所以，分析情绪是使用情绪工具时最为重要的一个步骤。如果你不能准确找到应对谈判对手情绪的策略，那么即使谈判目标明确，也很难达到预期的谈判效果。

很多小伙伴可能会说，明确谈判目标、分析情绪这些我在谈判之前都会准备。可是面对情绪失控的谈判对手，我应该怎样展示我的情绪，达到谈判目的呢？其实，"重复"最能表达你情绪和目的的那句话，是展示情绪最好的方法，因为最好的强调就是重复！我不断地重复"我今天就是来解除合同的！如果你不出意外，我们的合作就不会出意外"这句话，就是为了强调我的目的和决心，也表达我不满的情绪及其原因。

心理学家马斯洛有个"锤子理论"，意思就是如果一个人没有任何工具，你只要给他一把锤子，那么他会把遇到的任何问题都当成钉子，都想上去捶两下。这个理论同样可以用在商业谈判中。

比如，我和艾伦的这场谈判当中，艾伦在听到我想解约时，情绪处于完全失控的状态。你如果在这个时候和他讲道理，他八成是听不进去的。你想让他冷静下来，最好的办法就是"给他一把锤子"，通过不断重复，让你的谈判对象明确接受你所传达的情绪信号。你传递的信号，让他像在手头没有工具的情况下，突然捡到了一把锤子，而他就会迫不及待地用这把锤子敲向他正在面对的问题。不知不觉中接受了你的心理暗示，在冷静下来之后，他就会按照你早已设计好的剧本谈判。

牢牢把握你的底线

亮明底线是商业谈判中最重要的步骤，很多新手之所以没能在谈判中达到自己的预期，很可能是因为在谈判时没能给对方画好底线。

比如，我在一家外企工作的时候，有个领导经常在半夜十点多的时候布置新工作。但是，公司的工作条例明确规定，下午六点为打卡下班的时间。

于是，我仔细检查了自身工作，并确定没有任何纰漏之后，这位领导又一次半夜布置工作时，我对领导表明我一定会保质保量完成您布置的任务，但是在下班之后，希望您能留出一些私人时间给我，这样我也能更好地完成工作。自那之后，领导深夜布置工作的事情就很少发生了，这与我提前画定了工作时间的底线有直接关系。

你可能会问，底线思维在谈判中是否适用呢？答案当然是肯定的。

还是以我和艾伦的谈判为例，当艾伦冷静下来之后，我对艾伦说："我的要求很简单，首先，你必须为因你的不当行为而给我公司带来的负面影响向我道歉，之后我们尽快解除合作协议。这是我的底线，如果不能达到这两个要求，其他的事情免谈，你有什么条件也可以现在提出来。"

艾伦思索了片刻说道："我可以向你道歉，但是我之前合作运营的私域用户群必须恢复合作。"

"这个是不可能的,但是你之前在合作运营中产生的所有收益,我可以分文不取。但是需要你在群内公开发表声明,告知用户我们已正式解除合作,并主动退出用户群,以及尽快签署解约合同。"我向艾伦提出了我的要求,并等待着他的答复。

他沉思良久,最后点头同意解约。

从这场谈判可以看出,我向艾伦提出的解约条件,实际上会让自己在已有的收益上遭受损失。不过,相比于这点损失而言,我最终达到了自己的目的,将公司的风险和损失降至最小。这个结果对于已经出现的公关危机而言,已经非常划算了。

在上文,我分享了利用愤怒情绪的方法。如果你碰到难缠的谈判对手,不妨按照以下步骤,利用愤怒情绪达到你的谈判目的。

第一步:明确谈判目标。比如我在案例中的目标是解除合作协议。

第二步:分析谈判对手可能出现的情绪反应,比如愧疚、愤怒等。

第三步:向对手展示你设计好的愤怒情绪,并且不断地重复,让对手准确接收你传递的心理暗示。

第四步:当谈判对手冷静下来之后,明确画定你的底线。

第五步:让对手提出条件,并且在底线范围之内,作出最小限度的牺牲。

第六步:与对手达成一致,实现谈判目的。

委屈情绪是你达成谈判目标的利器

在以上案例中,我运用了"愤怒"这个情绪。但如果你问我,在情绪工具当中,哪种情绪最好用?我会告诉你,委屈也是实现你谈判目标的最有力武器之一。

如果你是男生，你也许会说："楠姐，我从小就被教育'男儿有泪不轻弹''打碎了牙要往肚子里咽'，绝对不要在你的对手面前表现软弱的一面。你怎么说委屈是谈判最有力的武器呢？"

确实，我们接受的教育告诉我们，面对委屈的时候一定不要轻易表露出来，否则会被认为是软弱，或者给别人留下口实。

然而，美国社会心理学家罗森塔尔提出，人类之间交往的最基本的规则就是社会交换。其意思是，人与人之间的互动实质是酬赏与报偿间的交换，人的一切行为都是带有目的性的，为了获得报酬或者是酬赏。

当你让别人适当地帮你做些小事的时候，会让别人有存在感，会让人心里觉得温暖。实际上，你向别人表露出了自己的委屈，并且请求别人的帮助，是在给别人提供心理价值。而那些帮助你的人，在帮忙的过程当中，也得到了心理报偿。

中国有句老话，"会哭的孩子有奶吃"。这句话有两层含义：一是"会"，善于把自己的需求表达出来；二是"哭"，懂得示弱。通过示弱这种方式来谋得权益，实际上是一种博弈。"哭"本身是一种示弱，传达了一种你需要别人的信号，接收到信号的人才有机会和你产生互动。

这是一个双赢的过程，人与人之间的关系因为互动才变得更加紧密。谁也不需要谁并不是一个好现象，自己完全独立，好像是给自己的世界围了一面墙，保护自己不受到伤害的同时，也让别人没有了亲近你的机会。

善于利用自己的委屈情绪达到目的的人，相比于将委屈藏在心里的人而言，更加容易得到别人的帮助，也更加能够运用情绪工具达成自己的目的。

用眼泪冲走你的职场绊脚石

运用委屈情绪，不仅能够在谈判中占得先机，同样也可以让你在职场中出奇制胜。在这方面，我可以分享很多成功案例，这其中最让我印象深刻的，是我曾经的一位女领导用一场大哭将她的一个职场竞争对手连根拔起。

在我创业之前，我曾在一家互联网公司上班，当时我的部门领导 Helen 是一位工作能力很强的女性。据说她因为业绩出色并受到领导的信任，曾经短时间内就从员工晋升到了部门总监。职位提升之后，各种矛盾也随之而来。其中，一个叫刘姐的人在暗地里用谣言中伤她，是对她升职之后职业生涯的最大威胁。

因为 Helen 的晋升和工作业绩威胁到了刘姐在公司中的地位，她经常向高层领导打 Helen 的小报告，并且在同事当中散布对 Helen 不利的言论。然而，刘姐还表面上维持着和 Helen 的良好关系，平时聊天也是一口一个"亲爱的"叫着，让 Helen 即使想发作也找不到爆发点。

你在职场当中是否也遇到过类似问题？那么面对这类人的时候，我们只能选择默默忍耐，或者干脆置之不理吗？要是你采用这种应对方式的话，很可能会导致事态恶化，最终不但矛盾没有解决，反而让自己在公司当中越来越混不下去。

如果你也遇到过相同的状况，那么我接下来分享的 Helen 扳倒刘姐的办法值得你借鉴。

Helen 在分析自己所面临的职场危机之后，立刻定下了一个目标——必须扳倒刘姐，不能让她继续干扰自己的工作。

机会说来就来。公司接到了一个非常棘手的公关案子：不但要在短时间内打通所有媒体关系，还必须将策划、落地、宣传、报道等一系列工作统统搞定。最让人头疼的是，公司基本上不会给这个案子拨任何经费。

我记得在当时的部门会议上，部门副总裁把这个案子提出来之后，整个会场鸦雀无声。即使是在公司长期担任要职的高管们也都面面相觑，不敢轻易发言，生怕这个烫手山芋落到自己手上。

副总裁扫视了整个会场，那些高管的反应让他感到非常失望。平日里向他拍着胸脯要和公司共患难的人很多，自认为工作能力出色的也大有人在。但是，到了需要为自己分忧的时候，却没有一个人能站出来解决问题。

"我来接这个案子。"这时 Helen 用清脆的声音打破了沉默。

副总裁先是兴奋地将目光投向 Helen，但是一瞬间这眼神变成了质疑。他一定在想，这个刚刚被提升上来的 Helen，真的能解决这个难题吗？

Helen 看出了领导的心思，立刻说道："我可以用一周的时间，带着我们部门的李楠来搞定这个案子，而且不需要公司一分钱的经费。如果我无法完成任务，我可以让出这个总监的位子，重新去做我的小职员。"

Helen 坚定的语气打动了副总裁，当即拍板把这个案子交给她处理。

在接到任务之后，Helen 带着我立刻开始了废寝忘食的工作。在那一周当中，我们几乎没有睡觉，两个人解决了从策划、媒体对接到落地新闻发布会，再到宣传和报道的所有问题，并且妥善处理了各种突发事件，没有向公司伸手要一分钱。还好，Helen 平时就积累了大量的媒体资源，媒体朋友们也都尽心竭力地帮助她，最后，这个案子被我们完美解决，受到了公司的表扬。

这个项目的完美落地，让 Helen 得到了公司领导的信任，也为她的"绝地反击"做好了铺垫。

让委屈成为你的"职场撒手锏"

在被全公司通报表扬之后，部门副总裁将 Helen 和我请到办公室。

"Helen，你这次的表现实在太出色了，简直超出我们所有人的期待。你们想要什么奖励可以随便提，只要我能做到的，一定办到！"副总裁用赏识的微笑看着她。

怎料，Helen 忽然眼圈发红，呜呜地哭了起来，并且一边哭一边说："领导，我这边什么也不要，不过，这次能及时为公司解决问题，我没有功劳也有苦劳，但是，这个工作我干着特别委屈，真的有点干不下去了！"

副总裁先是一怔，接着焦急地问："委屈？这到底是怎么回事？"

Helen 马上哭着对领导说："其实这次的任务我完成得很艰难，因为有同事十分不配合，让我孤掌难鸣。"

"是谁不配合你？到底发生了什么？"副总裁继续问。

Helen 知道，和盘托出的机会来了。她说："我不知道是不是……我听说，刘姐经常在背后说我的坏话，还鼓动别人不要配合我。其实，大多数人都不太喜欢她的一些作风，如果这个刘姐不走的话，我以后的工作也没法再干下去了！"

"好，我知道了！你先回去吧，我来处理这件事！"副总裁没有直接表态，但我听得出来，他非常气愤。

Helen 带着我退出了副总裁办公室。

一般而言，高层领导在面对企业内部矛盾的时候，大多都不会听信一面之词，一定会多方打听了解。Helen 也非常了解这一点，所以她平时就做好了准备工作，她除了工作能力强，情商也极高，待人接物都非常有一套，平日里同事们与她相处得都很愉快。所以当高层领导向大家核实矛盾的时候，不出意外所有人都会一边倒，站到她这一边。

自那之后再也没见到刘姐来过公司。

后来我了解到，刘姐不仅工作不努力，而且人缘也不太好，整个部门的业绩经常无法达标。领导留她在公司，是念她在公司工作的时间长，不忍心将她开除。

但是这次 Helen 利用委屈的情绪，点燃了集中在刘姐身上的所有矛盾，让领导最终下决心将这个不称职的总监扫地出门。

总结一下，如果你在职场中遇到必须扳倒的职场小人时，或者要达成自己的工作目的，可以尝试利用委屈情绪，用以下方法实现你的目的。

第一步：不要和小人互撑，或者反过来打小报告，显得斤斤计较、有失风度。

第二步：要更加认真地工作，不仅干好分内事，还要争取一个能体现你能力的"分外事"。在你出色完成了一件工作任务之后，让领导看到你突出的工作能力和价值，再向领导表达你的委屈情绪。

第三步：当领导提出给你奖励时，你再表明自己的功劳，并且将对立情绪集中在你的对手身上。

第四步：掌握群众基础。要尽可能借助大多数员工的言论，制造舆论压力，为你加分助攻。

第五步：充分释放你的委屈情绪，利用委屈情绪反击，达成最终的目的。

学会利用情绪进行谈判的关键点，在于让自己做个"好演员"。什么是好演员？你要清晰自己的目的，控制自己的本能，展现出对你有利的情绪。

我经常对自己的学员说，情绪是你成就自我的最好工具，人生在世全靠演技。只有将你的情绪变成你的利器，才能在商业谈判和职场竞争中无往不胜。

你在谈判中遇到的情况，也许和我讲述的案例并不一样。但是，只要你能够把情绪当作工具使用，并且结合自己遇到的问题，灵活运用上述方法，就能够在不断实践和复盘之后，逐渐掌握情绪工具的使用方法，让情绪成为打开你成功之门的钥匙，帮你完成你的商业目标。

情商决定你的上限

在一个商务路演大会上，一位投资人邀请了几位创业者，分别介绍自己的创业项目，并且通过这次路演的表现，决定谁将得到投资人的天使轮投资。一位博士凭借其高超的路演水平以及完美的 BP，赢得了投资人的青睐。

路演大会结束后，投资人和几位创业者一起聚餐。这位博士对着大家大谈特谈自己幸福的婚姻生活，同桌的人虽然都一边微笑一边听着，但是气氛已经显得非常尴尬。

饭局接近尾声，已经微微有些醉意的博士对投资人说："王总，您是不是还单着啊，到了结婚年龄了，该找对象了！"

投资人听到这话，起身就向门外走去，临走时还撂下一句话："投资的事，我再考虑考虑吧。"自那之后，这位博士就再也没有收到这位投资人的任何消息，项目也因为资金链断裂，就这么黄了。

你或许以为我讲的是一个搞笑段子，但这件事情却真实发生过，而且类似的故事也不断在我们身边上演。不论智力、才华还是工作能力，这位博士的水平都很高。不过，智商能决定一个人的起点，而情商却决定着一个人的上限。

我认为，聪明不一定是一个人的优点，有时候聪明恰恰会成为一个人的毛病。智商在某些专业的领域是很重要的，比如科研、理财、技术工种等。如果你是火箭专家或核物理学家、掌握着某种尖端技术的科学家，那么你不太需要靠情商生存，不过这些人永远是少数。

就像前面的这个博士，他虽然智商很高，但是情商却很低，在顺境当中容易得意忘形，结果精准"踩雷"，让到手的投资鸡飞蛋打。这位博士的低情商看似是说错了一句话，实际上是因为他无法掌控自己的情绪造成的。

要知道，高情商最为重要的是对情绪的把控，所谓情商也就是人掌握自己情绪的能力。美国心理学家罗森塔尔认为，情商高的人具有以下特点：社交能力强、外向而愉快、不易陷入恐惧或伤感、对事业较投入、为人正直、富于同情心。能认识和激励自己和他人的情绪，无论是独处还是与许多人在一起时都能怡然自得。

在商业层面，相比于智商，情商显然更重要。举个例子：

一次贸易洽谈会上，卖方对一个正在观看公司产品说明的买方说："您想买什么？"

买方说："说实话，你这儿没什么可以买的。"

卖方说："是呀，别人也说过这话。"

当买方正为此得意时，卖方微笑着又说："可是，他们后来都改变了看法。"

"哦，为什么？"买方问。

于是，卖方开始了正式推销，该公司的产品最终也得以卖出。

让卖方成功留住客户的根本原因，并非是多么高超的话术，而是在买方拒绝他，甚至贬低他之后，能够控制住自己的情绪，最终化被动为主动。

一位长辈曾经对我说，每临大事有静气，你的心能静到什么程度，就能干多大的事。换句话说，你只有能够控制住你的情绪，并且把它当成工具为你所用，你才能成为一个高情商的人，在商业竞争中占得先机。

高情商沟通模式：用高情商得到你想要的结果

既然高情商在商业活动当中如此重要，那么如何利用高情商得到你想要的谈判结果呢？我认为，要利用高情商得到理想的谈判结果，必须先从学会高情商的沟通模式开始。高情商不仅是会说话，更是要通过沟通达到商业目的。用高情商沟通也不是多么玄妙的东西，它是完全有章可循的。

我把高情商沟通模式总结为以下四个步骤。

第一步：破冰。通过沟通有效拉近双方距离，最大限度地消除你们之间的隔阂感，让对方的戒备心降到最低。

第二步：倾听。倾听对方的想法，从对方传达的信息当中，辨别真实意图和有价值的信息。

第三步：谈判。你与对方的谈判，应当在你获得对方的信任之后进行。谈判时切忌自说自话，必须以双方共赢为基础。

第四步：讲价。双方在谈价格的时候，你要让对方觉得你可以为他提供长远的价值，在让对方有获得感的同时，承诺他对于未来的期许，然后得到自己满意的价格。

下面我举个例子，具体说说高情商沟通模式的使用方法。

我计划做知识付费，然后请了几位做课程的老师帮忙策划线上课程。对方年龄比较大，入行多年，有自己制作课程的逻辑，我希望他可以指导我做线上课程的框架。

第一步：破冰

见面之后，我对这位老师说："您做了二十多年课程了，我才做几个月，您是值得我学习的前辈和老师。"

这句话是进入谈判的破冰环节，在谈判的开始，要先认可和抬高对方。这个破冰环节对方也许会觉得你很官方，因为越亲近的人越不会做这件事情。不过，在第一次见面的情况下，我不建议你单刀直入，需要有破冰的过程。尤其我谈判的这位对象，他的特点是年纪稍大，从业年限长，已经是行业内的资深人士，他更加需要被尊重和认可。

破冰环节的本质，就是人与人之间的磨合。只有经过破冰环节的铺垫，谈判才能进入舒适区。

第二步：倾听

结束破冰环节之后，我对他说："设计线上课程的逻辑框架领域是您的强项，我特别想和您探讨一下，听听您的见解。"

请注意，在倾听环节一定要有咨询、探求的态度，要专心倾听对方传递的信息，不要打断对方说话，要让对方客观全面地传递信息。只有让对方多说话，才能降低对方的心理防备，并对你产生好感，不断向你输出有价值的信息。

在倾听的过程当中，你要不断赞美和尊重对方。你的每一个眼神和动作，都需要表现出对对方的尊重。当你表现出尊重的时候，对方会觉得你谦虚。你赞美别人的时候，别人会觉得你情商高。

有些人认为，高情商就是会说话，我却觉得会倾听远比会说话更加重要。我们用一年学会了说话，却要用一生学会闭嘴，倾听才是高情商沟通必须具备的能力。

第三步：谈判

对方的确被我诚恳且尊敬的态度打动了，他几乎是毫无保留地说出了自己这么多年制作课程的思路。

之后，我开始引导双方进入合作和谈判阶段。

我说："虽然您帮助我研发课程，会占用您的时间，您完全可以用这个时间接很多更大的项目，但是，我觉得我们的合作还是非常有前景的。此前，您的课程一直在一些较为传统的平台上销售，如果我们合作，您也可以接触和收获流量平台的全新经历。在这些大的视频平台，会有几百万、上千万的受众，您可以开拓新的业务领域，而且我们各自投入擅长的部分。总之，这是个新的商业模式，相信会让您的业务有更大的发展。"

我上面这段话中表达的内容，核心目的其实就是"请您指导我做出专业的课程"。

但是，我并没有直接说出我的意图，而是把重点放在了"你能获得什么"上。

这是非常关键的一步：在谈判时，无论你的目标是什么，都要说成是对方能得到什么，让他感到双方合作是他在获利。请记住，谈判一定要以共赢为基础，其实就是让对方看到双方合作可能带给自己的价值。只有让对方有获得感，他才愿意与你进行下一步的沟通和合作，这也是在为下一步打基础。

第四步：争取利益

如果谈判是高情商沟通的重要步骤，那么为自己争取合作中的利益则是核心环节。

我在和这位老师讲价的时候，故意面露难色地说道："我知道以您的资历，请您亲自上阵价格一定很高，我也是初次做这个事情，也不知道我们的课程最终能卖多少钱。我是否可以将分成模式改为新的合作方式，我来出一个买断的价格，打包您的服务，您能否给晚辈一个优惠的价格？"

对方说："我这边也有课程策划的老师，我需要考虑到人力成本，而且还有其他的费用。直接买断对我来说很不划算，我还是希望用分成的方式合作！"

我对他说："我还是希望您可以在项目之初建立团队，所有的人力成本和费用折合在打包价里面。这边我会帮您出两个助手，为您完成一些繁杂的辅助工作，这样也可以帮您降低成本。"

在和对方谈价码的时候，要让对方觉得你也出了资源。只要让他觉得你为他提供了附加价值，他的价格就有机会按照你的预期定价。但实际上，你的资源都是你原本就有的，并未付出更多的成本。

除了给对方提供附加价值，你还要给他提供期许。比如我对他说："除了帮您分担成本，我还会帮您卖您手中的好课程，并且帮您推广您公司的商业导师。"

说着，我打开手机给他看了我以往的流量作品，以及取得的商业成绩，并且向他证明，我的公司现在确实只有四个导师，但我非常需要有市场经验的商业类型导师，未来我们有很大的合作空间。

你在讲价的时候，也可以和对方说："您这边有什么我能够参与和帮助商业化的部分？"这样可以调动对方的积极性。即使你没有参与或帮助商业化，但是给对方承诺，就等于给了对方期许，也就为自己争取了更大的议价空间。

当高情商沟通的四个步骤走完之后，你很有可能把事情谈成，而你只是付出了你的情商。高情商的人可以驾驭环境，影响你合作伙伴的喜怒哀乐。你就是这场谈判的导演，控制自己的情绪，调动别人的情绪。

玩转高情商谈判逻辑

情商低的人，往往以自我为中心，懒得理解他人的感受。这样不但不容易把事情谈成，还很容易将对方变成自己的敌人。而高情商的人恰恰相反，除非迫不得已，他们很少树敌，而是尽量把敌人转化为自己的盟友。

很多人树敌，并非出于自身利益的考量，而是一时气不过，或者恶语伤人。犯这样的错误，根本原因还是在于无法控制自己的情绪，让冲动战胜了理性。

不过有人经常问我："楠姐，我面对的谈判对象特别傲慢，我应当怎么应对呢？"下面我说说如何运用情商逻辑，应对难对付的谈判对象。学会高情商沟通模式，可以让你在短时间内提升商业谈判的能力。而只有掌握了高情商谈判逻辑，才能轻松应对谈判当中的棘手问题。

对高情商谈判逻辑的定义有很多，但我认为商业谈判中的高情商谈判逻辑，实际上就是表演力加带动你的谈判对象的能力，用公式来表达就是：

高情商谈判逻辑 ＝ 控制自己的情绪 ＋ 带动对方的情绪

你要把情商作为你的工具，而不是被负面情绪束缚。在面对难应付的客户时，不能受对方情绪影响，而是既要把自己当成演员，又把自己当成导演。你需要将你的情绪表演给对方看，带动对方的情绪，并且引导对方一步步达到你想要的结果。

表演出对方需要的情绪

前些天，我在视频创作当中遇到了瓶颈，需要找一位资深编剧指导我写作视频脚本。经过朋友引荐，我结识了一个国内顶尖影视公司的策划兼编剧。这家影视公司曾经取得过很多成绩，也是中国顶级编剧的摇篮。不过，这个圈子里的人对于合作方也是出了名的严苛，为了这次见面，我做了精心准备。

那是一天下午，我和这位知名的国家一级编剧见面。见面时，这位编剧坐到我的对面之后，就一直在刷手机忙工作。看得出来，他根本看不上我，也不想与我深度交流，但碍于朋友面子还是要走个过场。

他问："你有什么需求？"

我说："我现在在视频创作方面遇到困难，非常希望能得到您的专业指导。"

他十分不留情面："我不玩抖音，也没写过短视频脚本。"

这时候，我敏锐地察觉到，打开对方交流窗口的机会来了。

我接着对他说："现在抖音的日活跃人数已经超 6 亿，已成为国民App，中国网民的规模才不到 11 亿，这意味着大半的网民都在使用这个软件。"

我说完之后，对方依然在看自己的手机，并且完全不在意我说了什么。

很多人面对这种情况，不是感到心灰意懒，就是觉得怒火中烧。心想，这个人怎么这么傲慢，这么不知道尊重别人呢？但是，越是在这种时候，越不能受自己情绪波动的影响，而是要能够控制自己，给对方想要的情绪。

人与人之间的喜怒哀乐并不相通，别人没有理解你的义务。然而，也正是因为每个人都是一座孤岛，你给对方提供他想要的情绪才会弥足珍贵。

于是，我对他说："本来今天没有想到能和您谈合作，能见到前辈您这么优秀的编剧老师，即使看您一眼我都觉得吸收到了灵感。"

听到这句话之后，对方会心一笑。

破冰最重要的是笑，因为微笑是最能反映一个人内心状态的微表情。在《知觉生长模型》中，对微笑的描绘是：发生了令人愉快的事件→兴奋能量扩散前进（传入神经）→进入愉快情绪表象→反映出愉快情感→传出运动神经→效应器→表现出笑容等。如果对方不笑，那说明你给对方提供的情绪对方并不接受，你就必须调整谈判策略。

消解双方的隔阂，快速融合

我谦虚地向他介绍了一下目前的短视频平台："这些短视频平台的用户中有很多企业家和各行业老板，每天甚至会花几个小时的时间来看短视频。我开了一个商学院，很多企业家和老板专门来学习短视频平台的内容和直播方面的知识和技巧。"

我看似是在向他介绍短视频平台用户，实际上是向他传递了一个重要信息：我的学员和粉丝中不乏企业家和各行各业的老板。

这么做，是为了快速拉近彼此距离，利于双方的相互融合和了解。同时，也向他表明，我并非只是您眼中的一个网红，同时也是一个有抱负的老板，我也有经营多年的公司，甚至是很多老板的老师，受大家的尊重和信任。如果对方给我贴上了仅仅只是网红的标签，那么是有可能把双方的身份拉大的，但是在我传递了更多信息后，先实现了彼此身份上的对等。

这就好比众多的商学院更多传递和讲究的是同学情，同学之间不会论财力的高低，大家一起放下身份平等社交，就给相互融合提供了机会。

也就是说，两个人之间消除隔阂、快速融合的最好办法，就是身份达成平等。打个比方，一个次轻量级拳手，是不可能和超重量级拳手在拳坛上平等对垒的。在谈判当中，身份高的人往往会给别人以莫名的压迫感。拿我面对的这位知名编剧来说，他是中国用电脑做动画的第一代人，那时候他们甚至用鼠标画动画，可以说是中国动画界的宗师级人物。

如果我的身份仅仅是个网红，即使与对方讲平等，也难以对等合作。因为拉近人与人之间关系最重要的事就是将心比心，心理学中把这叫作同理心。如果对方无法从你的言谈中获得帮助，并不是简单的不信任你，而是因为对方觉得你并没有给他提供价值的能力。

但是，当我表明我的身份是创业者、老板，并且在这个圈子有一定的影响力的时候，情况就大为不同了。对方至少在心理上会平等对待我，这也为双方展开实质性合作提供了可能。

进入实质性谈判

在用认可、抬高、建立身份认同的方法完成破冰环节之后，就可以进入实质性谈判阶段了。我在面对身份比我高，而且不好搞定的谈判对象时，往往会以探讨的方式进入谈判。

我对这位编剧说："今天主要是想和您探讨一下，我能否请您来指导我创作短视频脚本的内容？"

对方说："我感觉短视频这个东西，好像没有什么价值。"

此时要时刻关注对方的表情、细微动作，并揣摩对方的心理状态。我在表达了合作意向之后，看到对方的表情依然很冷漠，我明白，我需要让他对这次合作动心。

我接着对他说："影视作品不会被替代，但是竞争太激烈了。我为什么会看好短视频平台呢？因为在大流量的短视频平台可以打造众多优秀的 IP，能与品牌一样保有价值的就是 IP 了，并且 IP 的价值是永恒的。一个有影响力的 IP，就如同马云之于阿里巴巴，乔布斯之于苹果。有了 IP 之后，可以为产品赋能。哪怕乔布斯去世了，但是他 IP 的力量不会陨落，这就是 IP 的能量。"

当对方不理解你的时候，不要一味地指责对方，而是要以自己为例子，但实际上却是在说对方。这段话中，我看似是在说"我为什么会看好短视频的前景"，实际上是在告诉对方，在竞争激烈的影视行业，如果不能跟上时代的脚步，也有可能面临被淘汰的危机。

"我做商学院的初衷，其实就是希望能帮助更多老板打造鲜活的个人 IP。如果您能帮我完成这件事，那么更多的老板就会请您来帮他们做个人 IP，这时候您的公司就会形成新的商业模式。"我接着说，"您做出了那么多优秀的作品，影响了整整一代人。但是我认为，上天一定会赋予您更重的担子。打造企业家个人 IP 不仅能为您创造商业价值，同时让您帮到了更多的人，甚至帮助他们改变了命运。您如果能投身于这个事业当中，这个时代都会留下您的印记。"

此时，赞美已经到了一定的高度，但我依然要站在对方的角度考虑问题，要让对方感受到短视频带来的价值，以及自己参与其中之后，能够获得的更加广阔的发展空间。

我停顿了一下，又说："我之所以从北京来到您的公司，是因为北京确实找不到像您一样优秀的内容团队。我知道，在影视行业有很多人看不上短视频。"这时虽然说的是行业，但实际上指的是他。

他笑了笑，说："不会，不会。"

此时，很明显，他已经被说动，只要继续引导，就很有可能得到他的认同。

我说："但是，这个行业里，一定需要出现一个现象级的短视频内容团队。我觉得，非您不可。"这是进一步突出他的稀缺性和价值感，燃起他的斗志，也坚定他的信心。

快速切入价格谈判

对方饶有兴趣地点了点头，同意了尝试与我进行合作。

谈判进行到这里，一定要赶紧谈价格，避免夜长梦多。于是我趁热打铁，说道："如果合作的话，咱们可以从三个层面展开：第一个层面，您指导我优化短视频脚本，我可以给您出报价，并分担您的人力成本；第二个层面，我招募的老板或学员们需要的内容服务，都可以交给您来做；第三个层面，我们可以一同出内容相关的周边产品。"

他点了点头说："这事可以推进一下。"

当他说出这句话的时候，这一场谈判已经达到了我想要的结果，而且他也看到了这次合作可能给他带来的价值。

但是，回到北京之后我并没有催他，因为合作的主动权已经逐渐掌握在了我的手里。过了一段时间之后，这位编剧直接写了一份详细的脚本优化的建议发给我，现在他已经成了我的短视频内容顾问。

当双方的身份不匹配的时候，只有用你的情商才能来弥补双方地位的差距。把握好高情商逻辑，并且在谈判中灵活运用高情商沟通模式，可以让你轻松应对谈判中遇到的棘手问题。

摒弃功利心，帮你快速打动对方

目的性越强，离目的越远

对很多人来说，买车是一件很重要的事情。尤其对我的一些粉丝而言，很多小老板都会开着车去谈生意，车已经成了他们的门面。正因为这不是一件小事，所以在买车的时候，车辆销售员怎么和客户沟通就显得特别重要。

前几天，我的一个学员小龙就因为买车的事情，差点和4S店的销售员吵起来。小龙和我说，当时销售员向他推荐了两款车：A款车价格不高，性能也可以，看起来很实惠；B款车价格更贵一些，但是性能更让他满意。接下来，销售员开始了自己的话术，他只是介绍A款车的优点，闭口不提这款车的缺点；而说到B款车的时候，则只说缺陷，不说优势。

这个销售员的话术很快让小龙起了戒心，后来他在再三追问下才得知，原来A款车因为刹车性能曾经曝出过缺陷，虽然大部分车都已经被召回工厂重新处理过了，但曾经的负面新闻让这款车销量直接下滑。为了完成KPI考核，销售员才向小龙拼命推荐A款车。

销售员的这种做法也瞬间引起了小龙的不满，他觉得这家4S店太不靠谱，便愤然离开了。

这个销售员的沟通策略显然存在着巨大的问题，但是问题出在哪里呢？我觉得，他最大的问题在于过于功利，缺少基本的真诚。

你可能会说，销售员售卖产品时，不就是隐藏缺点、放大优点吗？所有的销售员都是这么做的呀！

其实，无论是销售某件商品还是谈生意，你越是功利，往往越难说服别人。大家都不是傻子，如果你的语言缺少真诚，带着明显的目的性，则非常容易被人洞察到。别人一旦识破你的动机，就会立刻对你产生戒备心。当别人开始防备你，甚至觉得你不靠谱的时候，你自然很难和对方达成深入的合作。

只有真诚能为对方提供安全感

如果你和别人对话时总是带着功利心，那么相应地，对方自然无法在你身上获得安全感。

很多人肯定会有不同意见：谈生意本身就是一件很功利的事情啊，难道生意人可以不谈利益吗？现在人与人之间的信任感本来就很低，我真诚地信任对方，难道不会变成"冤大头"吗？

我并不否认生意的功利性，但我想说的是，真诚的交流态度是对合作方最起码的尊重，同时也是给沟通和谈判画出一条红线，让双方都能在相互信任的前提下进行沟通，这本身就可以提高沟通的效率。

当然，我们不能去当"傻白甜"，完全对别人不加防备，也不能把内心的真实想法和盘托出，而是要建立有效的沟通框架，在保证真诚的大前提下，去达到自己的目的。

著名心理学家萨提亚曾提出的"镜子效应"，指的是在沟通当中，双方都是对方心理活动的一面镜子。当你用过于功利的心态面对客户的时候，对方也自然会进入对抗状态。一旦双方都陷入战争状态，就会变得草

153

木皆兵，谁都无法听进去对方的意见。但是，如果你真诚地与对方沟通，那么他的防备心理也会下降。两个人的不安全感都会不断下降，最后达到相互信任的状态。我在本书中也给大家分享了一些沟通的技巧，但这些技巧都建立在真诚的内核上，无论你是拒绝他人，还是说服他人，都只是为了获得一个对双方有利的结果，而不是欺瞒对方、弄虚作假。你的出发点一定是善意的，是积极的。

对于大家普遍缺乏信任感的问题，我觉得电视剧《小舍得》中的一个故事很值得大家深思：当我们都坐在电影院看电影的时候，原本大家相安无事。但是，突然有一个人站了起来，挡住了后面人的视线。然后，所有人都不得不站起来看电影，即使每个人都很累，也无可奈何。这段话其实是对"内卷"的阐释，但是我觉得改写一下也特别合适：最初，我们沟通时，彼此间都真诚以待，相安无事，但是，忽然有人开始耍心眼了，带着急切的功利心来与人交往，这种人与人之间的信任瞬间被打破了，所有人都不得不开始耍心眼、斗心机，急功近利，即使每个人都很累，也无可奈何。

其实，你反过来想想，当绝大多数人都缺乏真诚和信任的时候，你的真诚和信任不正显得更加可贵吗？你发现了没有，很多事情你越是急功近利，越是难以达成。而当你真诚待人时，一切往往顺利很多。

我公司的销售员小李在入职半年之后，业绩依然没有起色，许多单子在跟了一段时候之后都莫名其妙地丢了。我在帮他复盘的时候，他问我："楠姐，面对不同客户，有什么技巧吗？"

我告诉他："生客卖的是礼貌，熟客卖的是热情；急客卖的是效益，慢客卖的是耐心；有钱的客户卖的是尊敬，没钱的呢，卖的就是实惠。"

他继续问我："那对于挑剔的和那些犹豫不决的客户呢？"

我回答："挑剔的客户卖的是细节；犹豫的客户卖的是保障；客户很随和，卖的就是认同。"

听了我的话，你是不是也觉得我是在玩套路呢？小李也是这么想的，他问我："楠姐，销售是不是要有很多套路？"

我反问："你知道套路的最高级别是什么吗？"

"是什么？"

我回答小李的话，现在也送给在看这本书的你："最高级别的套路，是真诚。所有的技巧都会褪色，只有真诚不会，所以你用真心对待每一个客户就对了！"

小李是个很精明的人，但也正是因为他过于精明，所以在和客户谈判的时候总是锱铢必较。很多客户觉得他为人很假，和他做生意很难得到好处，所以不管小李说得多么天花乱坠，对方都是犹豫不决。

在这次谈话之后，小李改变了沟通策略，尽量用真诚换取每个客户的信任，并且总是以双方都能得利为出发点。这一个简单的改变，再结合我教给他的一些沟通方法，让他总能把话说到客户的心坎里。三个月之后，他成了公司的销售冠军。

共情是双方达成共识的基础

你也许会说:"我觉得楠姐说得很有道理,真诚确实能给人安全感,拉近双方的关系。但是在具体谈生意的时候,为什么很多沟通都是无效的呢?应该怎么做才能达成共识呢?"

网络上流行一个词叫"直男癌",是个贬义词,通常是指那些具有情商低、大男子主义特点的男性。"多喝热水"是这类男生经常挂在嘴边的话,比如女生说:"我今天肚子有点不舒服。"男生说:"多喝热水。"女生说:"我今天和一个女同事闹矛盾,真生气!"男生说:"多喝热水。"女生说:"这个方案太难了,写得头疼!"男生说:"多喝热水。"

"多喝热水"本身没什么错误,但是直男们常说的"多喝热水"为什么会让女生如此反感呢?根本原因就在于,直男们不懂共情。当你用"多喝热水"回应一切的时候,当然会惹得别人翻白眼。

共情,简单来说就是在人际交往的过程中产生情绪共鸣的过程。共情是共识的基础,因为沟通的本质并不是语言上的交锋,而是情绪上的互动。很多人觉得,我只需要用语言把信息传递给对方,他自然会明白我的意思。然而,人是一种感性动物,受情绪的影响非常大。如果你不能给对方提供情绪价值,那么你就无法与对方形成共情,自然就不可能达成共识。

总之，在一场高质量的沟通中，我们要懂得分辨对方的情绪，感受对方的情绪，理解对方的情绪，并正确回应对方的情绪。

达到共情的方式很多，我总结了一个最简单的公式，希望可以帮到大家：

共情 = 懂事 + 避嫌

所谓懂事，就是站在别人的角度考虑，在切入正题之前要欲扬先抑，用共同的话题拉近双方的距离。而避嫌则是让对方有安全感，不要触及别人的敏感话题，避免"踩雷"。

下面我们举个例子来进行演示。

楠姐：谢谢张总百忙之中能来见我。

张总：客气了，这几天孩子高考，家长也紧张。

楠姐：孩子今年都要上大学了啊，那可真够忙的，咱们做父母的可真不容易。

张总：可不嘛，还不知道考得怎么样呢。

楠姐：正好我在高校这边有一些资源，也有朋友在做留学业务，张总要是需要，我可以推荐给您，看看能不能帮上点忙。

张总：那太好了，到时候可要麻烦楠总了。

楠姐：应该的。

张总：楠总约我是想谈总部大楼项目的事吧？

楠姐：是啊，我也希望能参与一下。

张总：把咱们的优势简单说一下吧。

楠姐：在保质保量完成项目的同时，绝不给领导添麻烦。

张总：哈哈哈，好，这样，你们做一份方案，明天送到我办公室。

以上的对话看似简单，但其中有很多关节，我们来分析一下。

我和张总约谈，实际上是为了谈一个地产项目。但是，在和张总沟通之前，我对他的背景进行了详细了解，得知他的孩子今年高考，立刻找到了能够和他产生共情的点。于是，我从可以介绍留学业务入手，拉近了两个人之间的距离。这既是欲扬先抑，淡化这场谈话的功利目的，同时也站在对方的角度考虑，这就是共情公式当中的"懂事"，简单来说，就是"急他人之所急"。

之后，我对张总说"在保质保量完成项目的同时，绝不给领导添麻烦"，说这句话的目的就是避嫌。既要让张总觉得把项目交给我做是件放心的事，同时也是在给对方提供真正值得交付的服务，也就是体现你的实力。在谈生意的时候，如果对方没有看到你的实力，无论你在其他事情上多费心思投其所好，对方也不会把项目给你。你必须让对方看到你的闪光点，才能让对方放心地与你合作。

当你不知道如何说服他人时，不妨想想我教给你的这个共情公式。熟练运用它，一定能在谈生意的时候收获惊喜。

如何搞定强势的人

遇到强势的领导怎么办

乔布斯有个人生信条："当你把产品放在客户的手中之前，他们并不知道他们想要什么。"从正面看，信仰准则的乔布斯是个有主见的人。但是从反面看，乔布斯也是个非常强势的领导，喜欢把自己的意志强加到别人身上。

他的合伙人沃兹尼亚克回忆乔布斯的时候说："曾经很多工程师都不喜欢他，因为他们觉得乔布斯太自大、太傲慢了，他的理智只能维持一会儿。"

以前有位苹果公司的人事部经理说："乔布斯当时根本不顾及员工的个人感受。他不会及时地对员工进行评价或者表扬，也不会关注员工的健康。而当时几乎所有人每天要工作20个小时。"

试想一下，如果你面对这样的老板，你会如何与他相处呢？苹果公司的高管们处理这个问题的方法，很值得借鉴。

他们通常会把精力集中在事情上，更多关注乔布斯的行为，而不是他说了什么。比如，产品样本做出来之后，乔布斯总是训斥员工说："这个东西简直糟糕透顶！"

但是，在改进产品时，乔布斯依然以这个样本为基础。这时，员工们会把"这个东西简直糟糕透顶！"这句话在心里翻译成："虽然不完美，但是能用。"用这种方法减少乔布斯的强势带来的伤害。

除此之外，员工们还私下设置了一个"反抗乔布斯奖"。就是比一比，谁敢在乔布斯发脾气的时候反抗他。反抗次数多的人，就会获得这个奖项。乔布斯在得知员工的这些做法之后，并没有生气，反而觉得很有意思。

其实，强势领导都有两个显著特点：第一，他们更加关注事，而不是关注人；第二，当员工跟不上他们的思路时，他们就会变得非常暴躁。

苹果公司的员工们应对乔布斯的强势时，把人和事分割开来，而且并没有一味地忍让。这样既可以减少语言暴力对自身的攻击，同时也避免了一味迁就而遭受进一步的伤害。

以柔克刚：搞定"老虎"，试着扮演"猫咪"

苹果公司的员工应对乔布斯的方法，虽然很值得借鉴，但是也需要结合中国人的处事习惯加以改变。比如，当面顶撞强势领导的方法，在中国显然行不通。强势的人具有急躁、独断的特点，往往不容有人在公共场合当面否认。因此，用以柔克刚的方式，会比直接反抗要有效。

强势的人往往具有两面性，所以要搞定他们，抓住时机很重要。即使强势如狮子一般的人，也会有猫咪的状态。你可以选择在他独处的时候，像猫一样温顺状态的时候搞定他。

为什么搞定狮子座、白羊座这样强势的人，往往是双鱼座的人呢？因为双鱼座的人说话总是温柔如水，特别擅长以柔克刚，而且非常善于聆听。

搞定强势的领导也是如此。比如，他嗓子疼的时候帮他买个水，在紧张的工作之余，适时准备点他爱吃的零食和饮品，他会被这些小事感动。在他情绪愉悦的时候，提出你的请求，这时会很容易成功。

另外，越强势的人越孤独，他们的内心很渴望别人的关心和理解。你能够在合适的时机主动关心他们，就可以在他们的心中占据很重要的位置。

管理好情绪，从利益出发应对强势的合作方

相比于针锋相对，你面对强势的人时，应当尽可能地从理性和利益出发考虑问题。因为孩子才喜欢争抢，成年人更在乎利益。

例如，我在和一个达人谈合作的时候，对方仗着自己是流量担当，态度非常强硬。但我并没有在意她的傲慢态度，而是从利益出发，和她达成了合作协议。我的助理在门口送走客人之后，愤愤不平地抱怨道："楠姐，这人也太狂了，说话真难听，真想揍她一顿……当然咱也不能揍，骂她一顿总可以吧！"

我问他："这对你有什么好处？"

"过瘾呗。"助理嘟囔道。

我笑着说："这不算本事。"

助理反问："那怎样才算本事？"

我告诉他："把她的钱挣到手。"

我的助理显然是把自己的情绪和生意混为一谈，所以才会因对方的狂妄而感到气恼。但是，我则更加在乎合作的结果，能赚到她的钱，为什么还要那么在乎对方的态度呢？

当然，面对强势的人，还要分析你所处的具体情境，以及对方的性格特点。依据对方的类型，确定谈判的策略。

如果对方是个长期主义者，那么在合作的时候，可以考虑给对方台阶，多给对方一些长期利益。你可以不答应对方眼前的要求，但是承诺他长期的利益，并且以此作为合作的基础。比如，曾经有一家供应商和我合作的达人是这么谈判的："我暂时不能给到你那么高的佣金，因为我不得

不考虑我的成本。但我们独家研发的产品就快上市了，如果我们建立深度合作，我可以保证在你的直播间进行首发推广。"

如果对方是个短期主义者，为了体现自己的强势地位丝毫不作出让步，这时，你可以用迂回战术。先考虑自己的利益，表达自己的观点，先不和对方签协议，而且要用行动去拒绝对方提出的条件，为自己争取更多的利益。

前一段时间，有个知名品牌想找我合作的达人直播带货，但公司那段时间面临转型，暂时不想带眼前合作方所提供的类目的货。我回绝了对方，但对方说："楠姐，如果咱们签了这个合同，我们品牌在1年内上市的所有新品，都可以在合作达人的直播间做首发，这个待遇，我们从未给过其他主播。我们对您这边只有一点要求，就是每周至少要直播两次，卖我们的产品。"

"一定要每周至少播两次吗？我们现在的直播规划可能没办法做到。"我表达了无奈。

"是的，这是基本要求。"

这个合作显然不符合我当下的规划，但考虑到对方的品牌有较大的影响力，我如果直接说不，可能会对公司产生负面影响，而且我也不希望彻底切断和这个品牌未来合作的可能性。

我先口头答应了对方的合作请求，但是并不急着签合同。我对对方说："这位达人目前直播间的流量还不太稳定，这不利于稳定的直播带货，您能不能跟平台方也讨论一个解决方案，让我们共同把流量先做稳定，这样后续的带货才会持续有好效果。"

对方听了之后，感觉很为难，说："楠姐，我们想想办法吧。"

我当然知道我的要求对方很难短时间实现，但我的"强势请求"让大家体面地结束了合作。

我想，对方也很清楚，当自己能够按照计划得到实际利益，就会考虑相应的因素做出妥协；如果实在不能搞定对方提出的请求，他们自然会果断放弃合作客户。

被别人误解了怎么办

可以解释错误，但别掩盖错误

我刚刚进入外企工作的时候，为了多学一些东西，工作特别积极。不管是不是我的工作，我都会抢着参与。但是，我的时间和精力毕竟有限，所以在工作的过程当中，难免会出现这样或那样的疏漏。

每到这个时候，我总会坦诚地向老板解释出错的原因。有的同事很不理解我的做法，对我说："你这么积极地承认错误，就不怕老板对你有误解吗？你可以把你做得好的那些工作拿出来说说，这样也可以掩盖你的错误啊！"

虽然当时我是职场新人，并没有什么经验，但是，我始终坚持着一个朴素的观念，那就是做人必须诚实守信。撒谎也许可以应对一时，但是撒一个谎，就要用更多的谎言去圆谎，谎言迟早会被揭穿。相比于实话实说，撒谎反而更容易加深别人的误解。

后来，我自己当了老板，才发现那时候的做法是非常正确的。老板往往会给员工一定的容错空间，因此，犯错误并不是什么天大的事儿，当工作出现错误之后，老板更希望了解问题的真相，好做出下一步的调整。如果你这时候向老板传递错误的信息，那么事态只会越来越严重。如果事态真严重到了无法收场的地步，老板不仅会质疑你的人品，甚至你的工作都有可能保不住。

当你犯了错，认为别人可能会误解你的时候，千万不要试图通过撒谎去掩盖你的错误，你一定要实话实说，尽量向别人传递你所知道的真实信息。因为说实话，可以将遭受的损失降到最低。

消除误解的方法

诚实是避免误解最有效的方法之一，但是双方真的出现误解了应该怎样应对呢？你可以尝试以下做法。

第一步：设定标准

很多误解看似是在合作的过程中产生的，其实是因为在合作之前就没有定好标准。我在签订合同之前，都会与合作方反复沟通合同的细节。对于重要的工作电话和微信，都会在对方的同意下保留录音和截图。

这种做法看似过于谨慎，却是非常必要的。因为语言往往具有模糊性，不同的人对于同一句话会有不同的理解。

比如，在一次谈判中，我想委婉地拒绝对方的报价和其他约定条款，对他说："谢谢您的信任，但是您提供的价格我还要再考虑一下。同时，我必须保留我在这个合作中的版权。"

我已经表达得非常清楚了，结果两天之后，合作方还是按原价发来了合同文件，似乎是我已经默认了他的报价。试想一下，如果我在谈判时没有保留证据，双方将会造成多大的误解。

如果真的因为疏忽，造成双方出现了合同条款上的误解，那么我建议自己先承担下责任，重新把事情说清楚。你可以说："对于这个合同条款，我想和您再次做个梳理，可能是我此前没有表达清楚，也可能是我误解您的意思了。"

第二步：真诚道歉

"对不起"三个字看似简单，让误解的人接受却很困难。

有一次，我的一个供应商伙伴因为记错了发货的时间，给我造成了很大的损失，我打电话责问他。

也许我的语气有点急，他在电话中说："对不起，你是甲方，你说的都是对的！"

听完这句话之后，我觉得更加不爽，直接把电话挂了。为什么这种道歉听起来更加让人气愤？因为对方道歉的时候，连最起码的悔改态度都没有。

道歉是对关系的修复，你必须在道歉的时候表现出后悔、在意的态度，才可能打动对方。如果你只是抱着无所谓的态度，那么双方是不可能产生共情的，也无法在情感上达成共识。

此外，道歉一定要让对方感到，你是在真诚地反思自己的错误，并且认识到这些错误都是自己造成的。相比于"你说的都是对的"而言，"对不起，我错了。因为我工作的疏忽，给您造成了不必要的损失，这都是我的错"，这样的道歉更加能够获得对方的谅解。

第三步：提出解决方案

当发生误会的时候，不要纠结谁对谁错，拿下结果才是最重要的。真正有智慧的人，从不与人争高低，他们只在乎结果。

向对方道歉之后，不仅要消除之前的误解，更要为误解之后的合作提出建设性意见。因此，应当在梳理利益关系的基础之上，给出可行的解决方案，并且强调合作共赢得到结果最重要。

比如，前面案例中提到的供应商，如果可以在真诚地道歉之后，主动提出愿意分担给我造成的损失，并且之后的一批货也在价格上做出让步，这就是提供了可行性解决方案。我在得到补偿之后，也不会选择立刻更换供应商。

  总之，被别人误解了肯定会难堪，犯了错误也并不是无法挽回的。这时候，不要让自己被负面情绪干扰，而是要实话实说，并且拿出真诚的道歉态度，以及给出可行的解决方案。澄清误会之后，你也许会迎来新的合作契机。

让"不喜欢的人"为你所用

如何与不喜欢的人合作

去年我公司的一个高管去参加一个短视频创作者大会，主办方将他和一个他不喜欢的人安排在了一起发言。他找到主办方说："实在抱歉，我无法和这个人做搭档，因为我没法和我不喜欢的人相处。"主办方愣了一下说："你不理会她，不就可以了吗？"

无法合作的问题就在于，他无法在这种场合忽视那个人的存在。于是，他对主办方说："我选择不参与这次大会。因为我如果带着负面情绪上台发言，不但会干扰我的心情，而且也会损害我的形象。"主办方见他态度坚决，也只能错开发言顺序。

也许有人会说，这个高管的做法太给力了，太酷了！对于自己不喜欢的人，就是应该毫不犹豫地转身离开！但是，我要告诉你的是，你的这个想法是很偏颇的。

这个高管之所以可以拒绝和他不喜欢的人合作，是因为即使拒绝参加这次大会，他的损失也不大。相比于和他不喜欢的人相处，这个高管更愿意用这样的方式，不让负面情绪干扰到他。

但是，你不喜欢的人恰巧和你有利益关系，而且与这个人合作能给你带来更多的价值，那么你一定不能图一时之快，让情绪主导你的决定。

例如，我和一位女老板性格上就合不来，但我深知这个人的人脉和能力很强，如果和她合作，我的业务可以得到更好的发展，而且我目前也找不到更合适的合作对象。

作为成熟的老板，我不能任由自己的喜好来主导决策。我必须把情绪抛到一边，启用我的理性思维和她谈合作：我负责流量，她负责客服体系以及商业模式的搭建。我手中的流量是她需要的，而我也需要她提供服务体系，我们可以完美地进行资源互换。

我们的合作契合度非常高，而这个人的性格是否讨我的喜欢，也就没那么重要了。

在职场中也好，业务合作上也好，价值显然要高于个人喜好。如果对方能给你提供想要的价值，即使你不喜欢对方，也请抛开你的情绪，把注意力集中到生意上。

如何与价值观不同的老板共事

除了与不喜欢的人合作，如何与价值观不同的老板共事，也是很多职场和生意人都面临的难题。

有个粉丝曾经对我诉苦说："我们公司的老板，要求每个员工下班之后必须陪客户喝酒。如果不能完成任务，就要扣工资。老板觉得只有能喝酒的员工才是好员工。我真的难以忍受有这种价值观的老板，我该怎么办？"

和一个与自己的价值观背道而驰的人相处，是一件非常痛苦的事。如果这个人是你的老板，则让你觉得更加难受。

我认为，两个人要长期合作，需要价值观相同。比如，陪别人喝酒这件事，你不能接受，感觉这件事严重违背你的价值观。如果这样的话，你可以考虑换个工作。因为价值观完全不同的人，是无法长期相处的。

如果出于种种原因，你暂时还不能更换工作，那么我建议你不要表达出对领导的不喜欢。要将全部的心思放在工作上，争取把事情做好，让领导认可你的能力。

老板最关心的并不是你是否和他三观相同，而是你能否为他创造价值。只要你能出色地完成工作，即使做了一些和老板三观不合的事情，他也不会太计较。

当然，我的意思并不是完全不顾及老板的感受，毕竟能力超强的人还是少数。所以，在和老板相处的时候，也需要注意老板的情绪。

有一次，团队在给一个达人录制视频的时候，助理由于工作疏忽全程没开麦克风录音，导致达人和团队整个下午的工作全部白做了。而且按照既定安排，第二天必须更新视频，时间非常紧张。

助理在达人和团队完成一天的工作即将离开的时候发现了这个失误，并轻飘飘地对大家说了一句"声音没录上"。

结果，达人的情绪立刻爆炸了。

其实，团队的另一名助理也曾出现过同样的失误，但他的做法与这名助理很不一样。他选择在第二天告诉大家这件事，并且买了达人和团队最爱喝的饮料，挑了达人心情最好的时候向她道歉："对不起，昨天拍摄的视频，有一条我忘了开麦克风。咱们重新录一遍可以吗？耽误您的宝贵时间了，非常抱歉，我下次一定注意！"达人虽然也有些恼火，但还是接受了道歉，重新录了视频。

当你业务能力不强的时候，请务必让领导高兴。如果你不能为老板提供足够的经济价值和能力价值，那么就为老板提供足够的情绪价值。

如何与讨厌的同事相处

"我讨厌某个同事，又不得不和他对接工作，很煎熬怎么办？"这也是我经常被粉丝问到的问题。

进化心理学认为，我们会讨厌一些人，其实是一种自我保护，我们可能觉得这个人不友善。内心的一种强烈直觉告诉我们，他们可能会对我们产生一定程度的伤害，或者威胁。所以天然就会有讨厌的情绪，可以说是一种本能的反应。

当你讨厌一个人的时候，这个人一定也会讨厌你。人与人相处就像照镜子，只有你先控制自己的厌恶情绪，不要再抵触对方，对方才会减少对你的厌恶。

比如，我在做高管的时候特别讨厌隔壁部门的一个同事，甚至我俩已经起过冲突了，但接下来我又不得不和这个人合作。我分析了一下，觉得和她继续僵持下去没有任何好处，我不能让这种负面情绪影响我的工作，于是决定修复和她的关系。

在一次午休的时候，我主动邀请这位同事一起吃午餐，并且将提前准备的礼物送给了她，她非常诧异，态度也缓和了下来。

我非常坦诚地对她说："其实我们都能感觉出来，我们相互不喜欢对方。但是，我们能不能和解？毕竟只有这样，我们才能在工作中相互配合，我觉得这也符合我们的共同利益。也许我们双方了解更深一些，还可以做朋友呢！"

那位同事也接受了我的建议。当我俩都卸下了防备，在之后的工作中一改往日的针锋相对，相处得很融洽，工作效率因此提高了不少。

其实，不管是和同事相处还是与客户相处，归根结底都是商业关系。你可以不用特意去喜欢同事和客户，只要把利益给够，对方即使是你再讨厌的人，你们也能够"和平共处"。

5

危机应对攻略：
轻松处理沟通中棘手的难题

当我们在人际关系中遇到矛盾和冲突，不能试图回避，更不能带着情绪去反击，而要站在全局去考虑，了解情绪背后的本质，管理并利用情绪。

无论场面多复杂，始终保持清醒的思考，以目标为导向，对手也能成为你的"自己人"。

【合理拒绝】

如何不伤感情地说"不"

很多小伙伴问我:"楠姐,不伤和气地拒绝别人真是太难了,好多合作伙伴向我提出难以接受的要求时,我都不知道怎么拒绝,您有什么好办法吗?"

你的生活是不是也经常因为不会拒绝别人而受到困扰?比如,下班之后,领导突然给你布置一大堆工作;在周末休息时,被甲方叫去修改方案;在节假日,被要求放弃自己的休息时间,去参加一些无关紧要的会议;和客户谈生意时,对方提出了不合理的要求;等等。面对这些,你是总会果断拒绝,还是选择委曲求全呢?

如何拒绝别人而不伤感情,是我们每个人都会面临的难题。小到拒绝别人借自己的一个心爱之物,大到拒绝合作伙伴的商业合作,都考验着我们的智慧。

小心"讨好型人格"陷阱

要阐述"如何拒绝别人"之前,我想先说说"为什么要拒绝"。

拒绝是一种权利。学会妥善地拒绝他人的要求，是一个人的成长必修课。你以为无条件答应别人的要求就能获得对方的称道，然而事实恰恰相反，一个不会拒绝别人的"老好人"，往往并不会因此而得到尊重。大家觉得你太容易妥协，也是一种缺乏价值感的体现。

心理学家卡尔·荣格在《心理类型》当中指出，那些有分界感和处事原则的聪明人，往往更擅长拒绝别人。懂得如何有礼貌地拒绝自己不喜欢的人，或者不属于自己分内的事，是自信和有边界感的体现。

如果你不会拒绝别人，很可能是因为你陷入了讨好型人格的心理陷阱。

什么是讨好型人格呢？它是一种"总是控制不住地想要取悦他人"的人格模式。具有讨好型人格特征的人总是无意识地讨好所有人，他们不仅习惯性付出、妥协，而对别人的错误也有着极大的包容。比如，合作伙伴提出的条件明明会让你遭受损失，但是你还是碍于面子接受了。由于你习惯性地接受别人的不合理要求，自己会产生负面情绪，甚至陷入抑郁。这就是陷入讨好型人格陷阱的典型表现。

在心理学畅销书《讨好是一种病》中有这样的观点：很多人会觉得这种讨好的心态是值得肯定的，毕竟没有谁会讨厌一个热心的、好相处的人。可事实是，这些具有讨好型人格的人活得并不快乐，他们看不到自己的价值，他们认为自身价值是由外界来评判的，所以他们只能不断地用迎合与讨好去换取外界对自己的正面评价。而这一切是建立在压抑自己的情绪、牺牲自我需求的基础上的。

回想一下你的人生，有没有为了得到外界的肯定，不断地去满足他人的需求呢？有没有为了不伤及面子，而让本应当属于自己的利益受到损失呢？

讨好型人格正是让你忽略自我价值、不断从外界寻找认可的原因。想要学会合理地拒绝别人，你必须建立起自我认可的心理状态，不要总是试图从他人的评价中获取价值感。

三个步骤，帮你建立拒绝别人的勇气

学会拒绝别人，是你摆脱讨好型人格的关键。

你必须明白，一个人的自我价值是建立在自我认可的基础之上的，不需要通过别人的评价来印证。你之所以被这个世界接纳，是自出生之后，你就是这个世界独一无二的存在。"我得不到每个人的喜欢，但至少我喜欢我自己。"这样的心态不仅更为健康，也给合理拒绝别人提供了心理基础。

要学会合理地拒绝别人，**第一步就是自我接纳。**

你要知道，没有谁是完美的，你应该学会接纳自己的缺点，接纳自己可以不被所有人喜欢，让自己做一个更加真实和完整的人。这不是"自私"，而是对自己的一种尊重和关怀。即使你觉得某些人对于自己非常重要，也不至于丢掉自己的自尊去迎合对方。

第二步是处理好自己与外界的关系。

事实上，别人并没有那么关注你的一举一动，他们喜欢或者不喜欢你，都无法改变你这个人本身的价值。比如，你在上班之前，一定会精心挑选口红的色号或者鞋子的款式，因为你担心因搭配不好被同事笑话。实际上，每个人都很忙，真正留意你的人很少。所以，大可不必那么在乎外界的评价，因为幸福的本质就是对自身的渴望和需求的满足。只有将自己的需求放在首位，人生基调才可能是幸福的。

第三步是对自己的情绪负责。

内心强大的人，不会因为别人的情绪变化就主动放弃自己的正当利益，更不会做出不合理的妥协去满足他人的需求。你需要对自己的情绪和行为负责，他人的情绪和行为由他自己负责。只有这样，才能真正对那些不合理的要求说不。

如果你按照这三个步骤进行心理建设，则可以在很大程度上摆脱讨好型人格带来的负面影响。但是，仅有心理准备远远不够，要做到不伤感情地拒绝，还需要掌握一些切实有效的方法。

提供情绪价值，让你体面地拒绝对方

　　拒绝别人的困难之处在于，你必须妥善地处理好商业利益与人情世故之间的关系。特别是对于和你保持了很长一段时间良好合作关系的伙伴，如何既能体面地拒绝对方，又不伤害双方的友情呢？这是一件非常棘手的事情。如果不能权衡好利益和情面之间的关系，则很可能闹得两败俱伤。这种情况应该如何解决呢？

　　我的公司在转型做直播带货的时候，也遇到过类似问题。那时候，由于一些账号的流量和关注度还不算高，因此很难找到合适的供应商进行合作。当时，为了找到一个比较有实力的合作方，我将收益的分成提高到了20%甚至更高。经过一个多月的苦苦寻找，我终于找到了赵总，他表示愿意成为我的供应商。

　　我和赵总的合作进行得非常顺利，对方不仅深谙供货、选品的门道，而且对于工作十分负责。如果货品出现了问题，一定会在第一时间解决。虽然我的利润少了一点，但是在起步阶段能遇到这样的合作伙伴是非常幸运的。

　　然而，双方在合作了一年之后，在续约时，赵总希望可以跟我签订独家协议，也就是公司所有直播带货的事情以后只能由他们团队负责，而我不能再与其他人合作了。这个事情我是无法接受的，而且相反，我为了扩大业务，必须寻找更多优秀的供应商合作，这就意味着，我必须拒绝赵总独家合作的请求。

但是我没有直接说"不"，我是怎么做的呢？

我考虑良久，认为必须找到一个既能拒绝赵总的合作请求，又保持双方良好关系的法子。于是，在双方谈判时发生了以下对话。

"赵总，我和您合作这一年，非常认可您的专业、实力和责任心。可以说，如果没有您的支持，我很难取得今天的成绩。"我真诚地看着赵总，观察他听到这番肯定之后的反应。

"哪里的话，我们之间的合作很顺利，也希望下一年咱们能更深度地合作。"赵总笑着对我说。

我接着对他说："我对您这边的工作还是非常肯定的，我依然希望今后与您合作，您将永远是我的首选供应商。"

赵总微笑着点了点头，说道："我也期待和您更深一步的合作。"

"但是，有个情况我不得不和您汇报一下，因为明年需要进一步拓展业务，同时降低供货成本，所以，我不得不选择增加另一个团队来合作，他们的收益分成是10%，而且供货能力也不错。"我一边说，一边观察赵总的表情。

赵总听到我说的这番话之后，脸上浮现一丝遗憾和不快。

"希望您能理解。而且我向您保证，今后的合作您依然是我的首选。"我用诚恳和略带愧疚的语气对赵总说。

赵总点了点头说："虽然有些遗憾，不能签订独家合作协议，但是我能理解你的选择。"最终，我拒绝了赵总提出的独家合作要求，并且最大限度地维护了双方的体面。

回顾上述对话可以看出，我用提供情绪价值的方法，巧妙地拒绝对方,又不伤情面。

首先,我对他的工作进行了充分肯定。从专业、能力、责任心等角度,对他进行了最大限度的认可,这是在给对方提供情绪价值,最大限度地抚平对方的遗憾和挫败感。

其次,我给了他继续合作的希望。我告诉他,接下来双方依旧继续绑定合作。

再次,讲明我的处境和无奈,提出对对方请求的拒绝。

最后,我再次肯定和承诺对方。对于合作,即便有其他合作伙伴的加入,并且无论对方条件如何,你依然是首选。

相比于直截了当的拒绝,或者委曲求全而言,先给对方提供情绪价值,并且给予对方希望,之后再提出合理拒绝。告诉他拒绝的难处和无奈,并给予对方肯定及对未来的承诺,是有效化解矛盾并达成谈判目的的方法。这样不仅最大限度地缓解了拒绝对方所造成的负面情绪,同时也巧妙地弥合了双方可能破裂的关系。

提出不可能完成的任务，让对方主动说不

如果为对方提供情绪价值，是将拒绝对方带来的负面影响降低到最小。那么，向对方提出一个不可能完成的任务，让对方主动说不，则是典型的逆向思维。我分享的这种方法不仅巧妙，而且会让你的拒绝显得更加顺理成章。

比如，当你的妈妈叫你刷碗的时候，你特别不想做，但是又没有理由拒绝，你应该怎么做呢？有些淘气的孩子会抢着刷碗，在刷碗的过程当中，故意把碗摔碎几个。这样你的父母就不会让你继续刷碗了，因为他们无法接受你刷碗带来的损失。当然，我并不建议小朋友们都去模仿，只是借这个例子提出一个很巧妙的方法：向对方提出一个他不可能完成的任务，用以拒绝他人。

为什么这个方法能够在谈判当中屡屡收到奇效呢？因为它符合"拆屋效应"的心理学原理。拆屋效应是指，面对一个难以完成的任务时，绝大多数人的第一反应是放弃，而不是先把任务接手下来慢慢做。就像你要请人拆一栋房子，如果你只要求他从窗户拆起，然后拆门、墙等，最终拆完整个屋子，那么他很容易接受这个任务。但是，如果你一开始就说："师傅，请您把整栋楼拆掉。"那干活的人则很可能会产生畏难情绪，并且放弃任务。

你也许会说，道理我都懂啊，但是这和拒绝别人有什么关系呢？下面我将和你分享一个典型案例，看看这个方法是怎么用到商业谈判当中的。

胡总是风投圈子里一位较有名气的投资人，同时也是我的合作伙伴。但是，由于他进入直播带货的赛道比较晚，为了尽快把盘子做大，他希望我能加入他的账号阵营给他做直播带货，从而快速增加带货数据。但是当时我已经转型做知识付费，并不想和他继续合作了。为了拒绝胡总的合作请求，我着实费了一番脑筋，毕竟不想得罪他，于是双方展开了以下对话。

"楠姐，我特别希望你能和我合作，一起做直播带货。"胡总说道。

我笑着回答："不好意思胡总，我已经转型做知识付费了。但是，我觉得您的这个提议很好，我想听听您的想法。"

"我觉得这两件事情不冲突啊，咱们可以一边带货一边做课程嘛，都能合作起来，我的供应链及人脉资源可以让你更上一层楼。"胡总继续说。

"胡总，您的实力有目共睹，您能找我合作是我的荣幸。这样吧，咱们也可以先合作试试。不过，我现在遇到了一些棘手的事情，如果要开始合作，我希望得到您的帮助和支持。"（我要开始给他抛出难题了。）

"你说来听听。"

"第一，我现在直播间的流量不太稳定，我特别希望您能请官方帮忙诊断一下。有了稳定的流量，咱们才能更好地合作。"

我接着说："第二，由于合作伙伴的物流等问题，现在直播间的口碑分数很低，所以直播间被限流。所以，希望您能想办法提高口碑分数，这样直播带货的效果才会好。"

他听完了我的问题和诉求之后，开始面露难色。其实一开始我就知道他是解决不了这些问题的。不过对方也没有明确说行或者不行，而是告诉我："看来这个事情还是挺难办的，我尽力吧。"

后来过了几天，对方还没有答复我。于是我主动出击，继续追问对方："胡总，您尝试解决的结果怎么样啊？现在情况怎么样了？"最后逼得对方明确告诉我："不好意思，目前解决不了。"

之后他主动提出："要不我们的合作再等等？"至此，事情圆满解决，既婉拒了别人，也没有堵死彼此未来合作的可能性。

我们复盘一下这次谈判，可以很明显地看出，我提出了对方不可能完成的任务作为拒绝别人的方法，主要包括以下步骤。

第一步：假意认同

先表明自己的立场，但不直接否定，而是先假意赞同与对方合作。

在这次谈判开始，我就很明确地告诉对方我已经转型，这是表明立场。假意表示赞同，告诉对方"我们可以尝试合作"，这样做的目的是先稳住对方，让对方觉得你认同他，提高对方对你后续要求的认可度。认同感能使我们快速地跟对方建立一种明确的信任，这是比较重要的。所以一定记得，起初不要直接否定。

第二步：交给对方不可能完成的任务

一般在商务谈判中，都不会让对方知道你当下的困难和弱点所在。但毕竟你现在的真实意图是不想合作或者是无法达成合作，所以这时候我们可以主动地展露现状与碰到的困难。

你可以坦诚地告知对方，自己遇到了哪些问题，尝试了哪些解决方式，解决了哪些部分，哪些部分是自己无法解决的。现在你需要对方协助解决这些问题和困难，不然双方是很难把合作推进下去的。当然很重要的一点是，你在这一步前，已经提前评估了对方是大概率没有办法解决这个问题的。

在这个过程中，你要非常诚恳地请教对方，并且把自己的真实情况告知对方。比如在以上对话中，我告诉胡总直播间流量不稳定，口碑分数也影响直播流量及带货效果，这些都是我实实在在遇到的困难。当然，这些问题也是对方无法解决的。

第三步：主动询问进展

对对方来说，这种难题是否能解决，不是当天就能定下来的，往往有一个思考的过程。这个时候，我们就要把握自己的主动权，询问对方解决问题的进展。

过个几天，我们就要主动跟对方沟通，问他对之前提出的难题是否有解决方案。注意，这里一定是你要主动跟进对方，才能说明你对这个事情上心。所以中间的等待时间一定要把握好。如果以你对对方的了解，对方是个雷厉风行的人，那么等待时间一定要适当地缩短，以免对方主动找你了，这样你失了先手，效果打了折扣。

最后，还想说明一点，我给大家分享的所有沟通模型都不是"标准答案"，而只是一个引导，用于启发你自己对于自己、对于人际关系的思考。楠姐只是试图抛砖引玉，希望你可以得出更加符合你自身境况的观点和方法，而不只是套用楠姐的公式。

如何让本应该拒绝你的人，接受你的请求

我分享给大家两个方法，不仅能够让你用来拒绝别人，同样可以用来让对方不忍心拒绝你，并心甘情愿为你办事。

举个例子。在我第二次创业的时候，有位天使投资人承诺给我投资300万元，并且双方完成了签约。但是，由于资金迟迟不到位，导致最佳的投资窗口期被错过，这让我陷入了现金流危机。我必须拿到这部分投资，才能够摆脱困境。于是，我和投资人之间进行了以下谈判。

我对投资人说："您承诺的300万元投资款对我来说很重要，特别希望您能履行我们已经达成的协议。"

投资人表示为难："我理解你的难处，但是我们公司也确实遇到了一些困难，暂时拿不出300万元的投资，而且原本计划的其他项目的投资也一样搁浅了，希望你能理解。"

我以理解的口吻说："我能理解您的困难，不过如果不能履行协议的话，您属于违约。这300万元对于目前阶段的我来说很重要，而且这个项目肯定会给您带来不错的收益。您不但不会受到损失，还会为您在业内带来良好的口碑，从而也降低您违约带来的负面影响。您看，您能不能也帮我渡过难关呢？"

投资人想了很久，说："好吧，这件事也确实是我们这边出了问题，我愿意先投 100 万元，也希望你能理解我。"

从这个案例可以看出，这位投资人一开始是想拒绝支付双方已确定的所有投资款项，但是我最终拿到了一部分，而后来这一部分也让我渡过危机。这是因为，我用提供情绪价值的方法，让对方最终下了投资一部分的决心。

实际上，投资人自身存在违约行为，他是存在愧疚心理的。而且，由于自身其他资金投资策略出现了问题，他的公司已经出现了资金告急及大量的违约。我们这时就要分析当时对方的心理状态，他最需要的是什么呢？其实并不只是少赔多少钱，而是一条释放这种愧疚情绪的路径。

我在这场谈判当中，并非要追究他的违约责任，只是点明了他的过失。之后放低自己的姿态，将这 300 万元的投资说成是对方对我的救助，最大限度地利用对方的愧疚心理，最后要到那 100 万元的投资。

而且，我还向对方表明，我的项目风险小，但是后面收益会不错，不会让他遭受损失。同时，他履行了合约，我做成了项目，还可以为他塑造一个正面的投资案例，帮助他在某种程度上挽回在业界失去的口碑。在情绪上，我给他提供了一条释放愧疚的通道。在利益上，我尽可能保证他稳赚不赔，他最终选择愿意把这 100 万元投给我。

试想一下，如果你是以问责的态度向投资人要这笔投资，结果会怎么样呢？那当然会起到适得其反的效果。

后来我从一位朋友那里了解到，我是唯一一个在那个时期在他手中得到投资的人。可见善于利用情绪价值，对说服他人接受你的请求有多么重要。

活用谈判法则，让你轻松说"不"

有些小伙伴问我："楠姐，你分享的这些方法看起来都很有道理，可是怎么用呢？我也不像你一样有那么多商业谈判的机会，我要如何进行练习呢？"

其实，我们大可不必把谈判看得那么正式，因为我们的生活当中时时刻刻充满了谈判。当你要拒绝别人时，不妨就把它当作一次谈判。只要灵活运用谈判法则，就能够在不伤情面的前提下，轻松说"不"。

比如，我刚刚进入外企工作时，就遇到过这样一件难办的小事。

其他部门的某位总监想要挖我参与他们部门的一个项目，但是这种跨部门借调经常会出现各种矛盾，部门之间的协调也相对困难。我刚进入公司不久，并不想接受这个任务。但我该如何拒绝这位总监呢？

在这个项目的准备会议中，对方部门的这位总监让我发言：

我首先给了对方部门足够的认可："大家好，我受我们部门总监的委托到会，感觉特别荣幸。这个项目不仅非常有创意，同时能给公司带来很大收益，我要向大家多多学习。"

总监笑道："很高兴得到你的认可呀，那么，你是愿意参与到这个项目中来喽？"

我面露难色，回答道："谢谢您的认可，是这样的，认真负责是我的原则，这是对别人负责，也是对我自己负责。我们部门昨天接到了一个特别棘手的案子，大家都在全力想对策。所以，这个月的全部精力我们都会放在这个案子上。当然，您这边如果需要帮助，只要我们部门总监允许，我会全力配合您的。"

总监皱了皱眉头，问道："那你手上的这个案子完成之后，能不能参与到我们的项目中来呢？"

我点点头说："我想是可以的，我可以向您汇报一下我的策划思路。"

接着，我向总监阐述了自己的观点，总监连连点头。

这时，对方部门一个骨干员工说道："领导，我很同意刚才楠的策划思路，可以加入我们的方案中来，咱们自己部门的人先搞起来，等楠那边忙完再参与进来，您看怎么样？"

总监想了想说："我觉得可以。"

这次会议中，我既拒绝了那位部门总监的邀请，又没有造成工作上的矛盾。

分析这个案例，我们可以看出，虽然我没有严格按照前文介绍的方法步骤，但是谈判的原则却贯穿始终。

在会议的开始，我充分认可了对方的项目，这是为对方提供情绪价值，拉近双方的关系。

之后，我表明了自己的立场，即我是另一个部门的员工，一定会先全力完成自己所在部门的工作。

再次，引入外界因素，由他人替我拒绝。

实际上，没有任何一个员工希望外人参与到自己部门的工作当中。因为这样不但会打乱自己的工作安排，也会降低自身的价值感——让其他部门的员工参与到自己部门的项目中，岂不是显得自己部门的员工很无能吗？我切实地考虑到了对方部门员工的立场，并且借骨干员工之口，顺水推舟地拒绝了总监的请求。

　　说服他人是一场谈判，拒绝他人也是一场谈判。谈判的本质，是理解彼此的心理变化，用语言进行博弈，以达到自己的既定目标。

　　《孙子兵法》中说："兵无常势，水无常形。"指挥作战是如此，谈判也是同理。谈判的人必须依据自己所面临的问题、所处的环境，以及谈判对手的特点制定谈判策略。

　　那些能够妥当拒绝别人的人，也并非天生的谈判高手，而是将这些基本的谈判技巧用到自己的生意、职场和生活中的人。

　　看到这里，你是不是也跃跃欲试，想将这些方法操练起来呢？我相信，只要你勤加实践，并且经常总结，你也能够成为谈判高手！

【挽回关系】

被人挖角，真的只是因为钱吗

一次直播答疑的时候，一位老板对我讲述了自己遇到的困难。他说自己的公司被一个合伙人把团队的骨干都挖走了，而且带走了大部分客户和业务，现在的公司处于瘫痪状态。让他纳闷的是，自己给员工开出的工资比同行高出一倍，为什么还是被挖角呢？

我反问了他一个问题："你的员工被挖角，真的是因为你给的钱不够多吗？"

谈生意也是如此。很多老板把自己被别人挖角的原因归结为钱没给够，或者客户没有从自己这里得到更多的利润。不过我觉得，事实并非如此。被挖角的原因有很多种，但最根本的原因在于，你没有和对方建立起深度关系。深度关系既包括利益关系，又包括情感关系。只有提早维护好关系，才能防止被挖角。

我公司的一个销售员小彤跟了一个客户很长时间，差点被别人挖角。她觉得自己很难搞定，于是让我介入。我向这个客户让出了一半的利润，客户是留下了，但是公司赚的钱却少了很多。

小彤非常不理解我的做法，于是发生了下面一段对话。

小彤：楠姐，凭什么我们分一半收益给他们？
楠姐：你觉得有什么问题？
小彤：项目是我们的，我们自己也能做，为什么非要给他们分一杯羹？
楠姐：这个领域他们更有经验，你承认吗？
小彤：对，但是……
楠姐：我们要做的是一加一大于三的事，眼光放长远。
小彤：您就不怕对方以后摆我们一道？
楠姐：那只能怪我看走眼了。
小彤：楠姐，你这是在赌啊！
楠姐：我相信他们。
小彤：好吧，我去起草协议。
楠姐：有时候，吃亏是福。

小彤之所以对我的做法不理解，是因为她没有想明白做这单生意的目的。其实，我并不指望能够从这单生意中赚到多少钱，而是希望学习和借鉴对方的经验和商业模式，因此我必须将短期的利益关系变成长期的合作关系。相比于牺牲一点利润而言，用利益巩固好这段关系，防止被别人挖角，显然更加划算。

你可能会说："这不还是钱没给够的问题吗？正是因为你多给了对方利润，人家才继续与你合作啊。"

问出这个问题，说明你还没有理解和合作方建立深度联系的本质。出让利益固然很重要，但这只是一个简单的手段而已，只出让利益，是远远不够的。在上面这个案例中，我表面上是出让了利益，但背后却蕴藏着我对合作方无条件的信任。事实上，在后续的合作中，我也不断地在与对方共享资源，并且提供足够的情绪价值。

用共同的利益去维护一段关系相对简单，毕竟能用钱解决的问题往往不是问题。但是，如果你真的想让双方的关系足够稳固、达到深度就必须让对方从心底里认为你是自己人。

有一位保险业务员，在我每年过生日的时候都会送上祝福。一开始我没有太在意，甚至不会回复她的短信，毕竟每天接收到的信息太多了。不过，当这个业务员坚持发祝福五年之后，我开始被她执着的精神感动。我在收到祝福之后，也会礼貌地回复一声"谢谢"。有一年，我自己都忙得忘记了自己的生日，她却依然准时为我送上祝福。

八年之后的一天，我想给孩子买一份保险，第一个让我想起来的人就是这位保险业务员。虽然我很少和她见面，但是她每年坚持给我发生日祝福，这至少让我觉得她是个靠谱的人。她能够认真对待每一位客户，相信也能够为客户着想。于是，我从她那里给孩子和家人买了保险，我们也逐渐成了朋友。

由此可见，你如果真的能够与客户建立起深度关系，而不是仅仅停留在利益层面，那么不但不会被轻易挖角，而且能够在客户那里挖掘出更多价值，获得更多的收益。

别把情绪当交情

当你知道了建立深度关系的好处，我必须先要提醒你，千万别把对方表现给你的情绪当作你俩之间的交情。

你在谈生意的时候一定遇到过这样的场景：你和客户在酒桌上聊得兴起，觥筹交错之间恨不得把对方当成亲兄弟。你提出什么合作要求，对方都满口答应。但是，第二天，你在打电话和他落实在酒桌上谈的事情时，对方却说："哎呀，不好意思啊老弟，昨天喝酒的时候脑子一片空白，我已经忘记我说过啥了！"

为什么会这样呢？因为你显然把情绪当成了交情。其实，情绪和交情之间有个很简单的判定标准，那就是你和对方是否达到了共情的状态。比如，一个女孩的情绪本来没什么波动，但是在和你谈判的过程当中突然情绪激动，一边说自己的难处，一边和你攀关系，希望你能同意她提出的条件。这个女孩多半是在利用情绪，而不是为了和你建立深度关系，因为双方之间并没有达到共情。

又比如，你的老板平时和你关系很淡漠，有一天突然和你谈感情，从师徒关系谈到兄弟情义，再到公司的宏伟愿景，好像恨不得把心都掏给你似的。这时候你反而要清醒，想一想老板是有什么要求不好开口吗？是不是想要你无偿加班呢？是不是希望你能把项目让出来，他另外安排人对接呢？是不是因为对你的工作不满，想把你裁掉呢？

如果你确实"江湖经验"比较浅，无法根据以往的经验判断对方到底是真情流露，还是仅仅在利用情绪，那么还有一个方法——相信你的第一感觉。

奥地利心理学家阿德勒提出，人类头脑中的第一感觉，往往会传达最为准确的信息。因为我们的第一反应源于原始脑，它负责个体生存、生理安全需求和身体知觉。如果我们觉得不安全，原始脑就会出现三种反应：战斗、逃跑和僵住。这也是人类自我保护或攻击的本能反应。

当对方展露情绪时，如果你的第一感觉是不舒服，那就说明你从对方身上感受到了威胁或者压力，也可能是收到了"不真诚"的信号。你的原始脑已经开始在向你报警了，这时你就要对这个人提高警惕。仔细想一想，他到底是在和你建立真诚的关系，还是在把情绪当成工具，实现自己的短期利益。你要是想和对方建立深度关系，也要考虑一下自己如果满足他的要求，能否达到目的。

当你发现对方纯粹是利用你的时候，就应当立刻终止这段关系。哪怕对方被别人挖角，也不必太过伤心。因为你勉强维持这段关系，可能会遭受更大的损失。

要把情绪当纽带

既然情绪不等于交情,那么在建立深度关系的时候,是不是受情绪的干扰越小越好呢?我认为并非如此,情绪是把"双刃剑",当你会合理利用情绪的时候,就能够用最小的成本建立最牢固的关系。

我在外企做高管的时候,遇到过一个很难缠的甲方。我们每次把做好的方案交给她,她都会提出一大堆无厘头的意见让我们反复修改,而且经常和对接的人发脾气,我们所有的同事都不愿意和她打交道。

有段时间,每次结算尾款的时候,双方都要扯皮很久,对方甚至还威胁说要换合作伙伴。因为她是公司的一个大客户,所以也没人敢得罪她。但是,必须要有个人和她打交道,而这个棘手的任务恰好落在了我的肩上。

第一次见她是在一个炎热的夏天,虽然办公室开着空调,但是闷热的天气依然让人觉得烦躁。

"秦总,这是我们修改完的方案,请您过目。我这次来,也想和您沟通一下结算尾款的事情。"落座之后,我便开门见山地表达了来意。

然而,她并没有理我,而是用力挤压着什么东西。我仔细一看,她的手中居然是一只蜘蛛。惊诧之余我才发现,那原来是一只橡胶蜘蛛。当你用力挤压的时候,蜘蛛就会吐丝。这是从美国传过来的一种解压玩具。

"秦总,我最近压力也挺大的,所以很能理解您现在的心情。"我并没有继续谈工作,而是和她闲聊了起来。

她先是一愣,然后皱着眉头说道:"唉,我承受的压力是别人无法想象的。"

我真诚地看着她说:"您可以和我说说,我愿意倾听。"

原来,秦总之所以会在工作当中如此焦虑,是因为最近家庭遭遇了一系列变故。先是和丈夫感情不和,两个人一直在闹离婚;之后她的父亲病重,只能由她照顾;她的儿子经常逃课打游戏,也非常不省心;公司的业务又离不开她,大事小事都要她来决策。她一直在一个人苦苦支撑,有时候难免会把情绪发泄到合作方身上。

听完她的倾诉之后,我说:"这些真的不是您的问题,您这么优秀,一定能够渡过难关的!我最好的朋友以前也遇到过很大的压力,最后得了抑郁症,后来我给她推荐了一位国内知名的心理咨询师。她在咨询师那里做了几个月的疗愈,效果还不错,现在她整个人的状态好多了。"

秦总听到这番话之后,紧锁的眉头慢慢舒展开了,明显地感觉到她对我的戒备心也放下了。

"你还有那个心理咨询师的联系方式吗?"秦总问道。

我把心理咨询师的微信名片推送给了她,并且讲述了那个同事通过心理疗愈走出压力的经历。

一番长谈之后,我才开始和她谈工作。出乎意料的是,这次公司的方案通过得非常顺利,而且尾款也很快结算了。

自那以后,我和秦总成了无话不谈的朋友,工作对接上也没再出过任何问题。其间也有其他公司过来试图抢客户,但是从来都没成功过。

回顾这个案例,你可以看出,我并没有用什么技巧和话术,而是站在对方的角度,给她提供情绪价值。即使像秦总这样的女强人,依然需要情绪的安抚，她会在方案和尾款上刁难我们，既是发泄负面情绪的方式，也是在向你传递需要情绪安慰的信号。

　　这时，你既不需要过多的给建议，也不需要为她提供解决方案。你只需要让她把你当成自己人，甚至当成一个可以吐露心声的树洞。不断对她说："我理解你""你真的很不容易""这些问题的原因都不在你"。给她提供情绪价值，让她感到你是她的支持者，是自己人，就足够了。

　　你想一想，你已经成了她离不开的"树洞"，她还会轻易地被别人"抢走"吗?

被挖角之后，你该怎么办

建立深度关系虽然可以防止被挖角，但是依然存在被挖角的风险。那么，当你被别人挖角之后，应该怎样处理呢？

我们可以从以下几个方面进行应对。

其一，你要判断这段关系是否值得去维护

耗费心力去维护这段关系，性价比真的高吗？如果对方能给你带来的价值非常大，放弃这段关系会让你遭受巨大的损失，就应当尽力去维护这段关系。反之，如果比起放弃这段关系，继续维护关系可能会让你遭受更大的损失，则要毫不犹豫地选择终止这段关系，并且想办法消除被挖角之后可能带来的负面影响。总之，评估时要足够理性客观，不要意气用事，更不要让"沉没成本"影响你的决策。

以前上班时，我的同事曾经撬走过我的一个客户，但是在权衡利弊之后，我并没有去挽留。因为我在和这个客户打交道的时候，发现他是个非常多变的人。本来说定的一件事情，他过几天就会变卦，常常打乱我的安排。如果继续合作，他还是会给我带来一些表面的利益，但综合评估下来，我觉得他就是一颗定时炸弹，说不定什么时候会给我带来巨大的

麻烦。

而且我也了解到，那个同事也只是为了赌气，才想撬走我的客户。她在和客户谈条件的时候，甚至自己搭了很多成本。可以说，这单生意不仅不会给她带来收益，反而会让她遭受损失。而她挖角的行为，相当于为我"排雷"了。

果不其然，这个客户在和这个同事合作一个月之后，就被别人挖走了，她不仅做了无用功，还损失了很多钱。而且由于精力都放在这个不靠谱的客户身上，她在考核期内没能完成KPI。

以上案例，对我们来说是一个警醒。在职场中，很多人一旦遇到有人抢客户，就会耗费巨大的代价把客户留住，也不管这个合作到底有多大的价值，这其实是让情绪左右了决策，说白了，就是为了"赢"。然而现实却是，很多时候，你赢了"面子"，却输了"里子"，得不偿失。

其二，分析谁有错在先

你被挖角之后，对方已经处于违约状态。你和对方之间如果有合同，那么就先审查你们在合同当中是否签订了违约条款、保密条款。如果双方签订的合同规定不清晰，或者没有签订合同，那么梳理一下在合作的过程当中你是否有失当的地方。

我在经营 MCN 公司时，也遇到过被挖角的问题。我的一个高管离职的时候，想要挖走公司里的一个网红，同时带走网红的运营方案，带走我们的合作方资源库。出现这个情况之后，我立刻审查了当初双方签署的合同，看到合同当中明确规定了违约条款、竞业禁止条款之后，我确定了即使网红被挖走，我也会得到足够数额的经济赔偿。

而且，我在履行合同的过程当中，并不存在任何不规范行为，也没有留给对方任何把柄。

但是，对于运营方案，合同里并没有明确规定保密条款。也正是看到了这个漏洞，我决定通过谈判来解决这个纠纷。

其三，利用情绪达到目的

哪怕挖人者和被挖走的人在你面前表现得很无所谓，但他们的内心一定是存在愧疚感的。因为他们的做法不仅违约，而且在很大程度上违背了道义。我们可以利用他们心中的愧疚感，达到把损失降到最小的目的。

我和那个挖人的前高管进行了谈判。

我开门见山："对于你的所作所为，我非常愤怒！"

前高管不以为意："反正我也已经离开公司了，你愤不愤怒，我无所谓。"

我严肃地说："我已与律师仔细沟通过，按照合同的违约条款，你必须赔偿公司100万元的违约金，并且在3年之内不能从事类似的工作，否则公司就会起诉你。"

他有些心慌了："楠姐……你一定要做得这么绝吗？跟你这么长时间，不能好聚好散吗？"

我没有接他的话，而是继续给他施压："你必须公开向公司道歉，并停止你的行为！"

"我可以向公司道歉。"

我提出了我的要求："你要在圈内以及向你挖的网红公开声明你的行为违约，而且我公司的方案你一定不能用，否则免谈！"

他犹豫了一下："可以。"

在这场谈判当中，我提出要追究对方的违约责任的时候，他已经开始心虚。这时我顺势提出要他公开向公司道歉，实际上是在抢占道德制高点。在他道歉之后，我提出了自己的解决方案，并且迫使他接受了这个方案，将被挖角的损失降到了最小。

不论是你的员工、合作伙伴还是客户被挖角，你一定不要愤怒或者怨天尤人。你要冷静下来，分析一下这段关系是否需要维护，在作出判断之后，采取正确的应对方案。

不过，被挖角往往是因为还没和对方建立起深度关系，只有提早维护好关系，才能防止你在意的人被撬走。对于重要关系，不妨每隔一段时间就维护一下。也许只是一声温暖的问候、一句体贴的关心、一个小小的礼物，就能给你带来一个意想不到的商机。

【解决冲突】

如何用沟通技巧化解矛盾和冲突

在直播的时候,一个女孩向我提问。她在职场中遇到了一位对她有性骚扰的客户,但是她又不想放弃这个重要客户,于是陷入了矛盾和纠结当中,想问问我应该怎么解决。

我问她:"你自己是怎么处理这件事的呢?"

她说:"他总是暗示我,让我辞职跟着他干,我就低着头笑笑,用沉默拒绝他。"

用沉默拒绝别人,这种做法听起来是不是很熟悉?很多人遇到矛盾的时候,都喜欢用沉默来应对,总希望这样能够大事化小,小事化了。不过我想说的是,这样不但无法解决矛盾,反而会让矛盾越来越深。

美国经典电影《教父》中有一句台词:当你沉默的时候,没有人会知道你在想什么。确实,你不明确表态,别人不会清楚你内心的想法。但是,不同的人会从不同的角度出发来理解你沉默的含义,沟通中的误解和矛盾恰恰就是从这里产生的。

在人与人的沟通当中，很容易出现这样一个问题，那就是你以为自己表达清楚了，但实际上对方根本没懂你传达的意思。为什么会出现这种状况呢？因为每个人对于语言概念的理解是不同的，所以你要想让对方明白你的意思，就必须准确而且直接。

这个案例中的女孩之所以用沉默和微笑应对客户的性骚扰，是因为她既不愿意接受客户的要求，又不想得罪对方。但这就很可能会让对方觉得，他对这个女孩的行为让这个女孩很受用，甚至认为女孩内心已经同意了他的请求，只是不好意思直接答应而已。于是，客户就会一而再再而三地骚扰女孩，甚至产生更严重的后果。

那么，女孩应该如何解决这个问题呢？

我认为，她可以尝试用沟通中的一个原则：**态度可以谦卑，但是内容必须直接和坚决。**

具体到这个女孩的案例，我建议她按照以下步骤去沟通。

第一步，抬高对方

女孩可以对客户说："张总，谢谢您这么赏识我，想拉着我一起跟您干，我感到特别荣幸。"之所以要抬高对方，是为了让双方的沟通阻力降到最低，并且让你在解决矛盾的时候，不至于和对方撕破脸。

第二步，给对方定位

在抬高对方之后，女孩可以接着说："您在我心里一直是一个高于普通客户的形象。您特别睿智，也特别亲切，就像我的父辈和亲叔叔一样。"

给对方地位的目的在于，明确彼此的身份，以及双方之间的关系。把对方比作自己的父辈，就是要明确地告诉对方："咱们之间年龄相差很大，差着辈分呢。而且我一直是把您当长辈一样尊敬，我们不可能是情侣关系。"

客户面对一个把自己当成父辈的女孩，怎么能有非分之想呢？！

第三步，解决矛盾

最后，女孩可以说："我特别希望您能帮助我完成公司的考核，这对我很重要，我好在现在这家公司学习和积累经验，等锻炼好了，才有机会和资格去帮助您。也请您相信我，达成订单后，我一定会用我的专业为您做好服务！"这样说，既是进一步明确两个人之间的关系，也是给双方留下化解矛盾的出口。这样也是告诉对方，自己是很想继续合作的，并且不会因为这件事影响后续的服务质量。

这个女孩依据我的建议，和这个客户进行了沟通。果然，对方自那以后再也没有骚扰过女孩，而且双方依然有着比较好的业务往来。

从来没有什么感同身受

在产生矛盾的时候,很多人总是指望别人能够理解自己的难处,大度地不计前嫌。我认为,这是很不现实的。这些年来,我们总是听到这样的论调:人要懂得换位思考,做事情要有同理心,要学会感同身受。这些观点当然没什么错,但这只是比较理想化的状态。尤其在遇到矛盾和冲突时,我们不要总想着互相理解,因为对方很少会主动来体谅你的难处。

举个例子。一次开会的时候,我的助理小畅努着嘴来到我办公室,向我抱怨公司技术部的同事。

原来,他有个紧急的问题需要技术部解决,但是对方手上的活儿也很多,所以拖了一段时间。小畅气不过,和技术部的同事大吵了一架,最后问题依然没有解决。于是,我和小畅之间发生了以下对话。

楠姐:你今天怎么了?

小畅:没事儿。

楠姐:你呀,有心事都挂在脸上,说说吧。

小畅:刚才和技术部的同事吵了一架。

楠姐:哦?

小畅:明明是为了工作,可就是得不到他们的理解。

楠姐：那你理解别人为什么不理解你吗？

小畅：楠姐，您这话有点绕，我想想……

楠姐：不要总想着互相理解，因为从来没有什么感同身受。

小畅：那"相互理解"这句话是骗人的吗？

楠姐：骗人倒不至于，但是一种奢求。

小畅：哦。

楠姐：立场不同，高度也不同，不被理解，才是人生的常态。

小畅之所以会生气，会和同事产生这么大的矛盾，就因为他的内心有一个不合理的期望："我的事情非常重要，你必须站在我的角度考虑问题，把我的需求放在第一位。"

而实际上，你在和别人产生矛盾之后，一定不要试图等着对方来理解你，而是必须站在对方角度考虑，分析导致两个人之间的利益冲突在哪里。要知道，不论在生意场还是职场当中，陌生的两个人一定不会平白无故地产生矛盾。在这些场合下，能让双方产生矛盾的，大多是利益问题。

比如，你想让你的工作排在别人前面，但是负责排优先级的人又和你有矛盾，你应该怎样处理呢？

面对这个棘手的问题，千万不能让情绪左右你的思维。你要以利益和价值为出发点，与对方拉近距离，给他定位身份。这个身份要对方受用，能解决你所面临的问题。之后，再表达你能给对方带来什么价值，然后妥善解决矛盾。

你可以尝试按照以下步骤进行沟通。

第一步，强调对方的特殊性

你可以说："您的性格直爽，我觉得这是您的优点，我感觉和您的脾气性格很相投。"这番话既可以拉近你和对方的距离，也能够让他感受到自己是被你特别关注和对待的对象，这种做法也是对他很大程度的认可和抬高。

第二步，给对方定位

接着你可以对他说："您在我心里一直都是优先级别的同事，咱们未来还会在很多项目上有磨合的机会，需要用到我这边，您随时说，到时候我肯定会把您交代的事情最优先去完成。"

给对方定位，告诉对方"你是优先级别的"，这也是给对方承诺、为对方提供价值的过程。在这个环节，要让对方明确感受到，你以后一定能够给他提供足够的支持。

第三步，提出要求

最后，对他说："希望您可以帮忙把我的工作排在前面，我一定会最高效地完成任务，对公司有满意的交付。当然，领导也都会知道您在这个项目上的付出！"

经过前面两步的铺垫，对方也会在心中衡量你的位置和价值。这时，如果你提出的要求正好能和你提供的价值对等，那么对方就很可能同意你的请求。

在以上对话中，我还给了对方一个暗示"我会在领导面前为你多美言几句的，放心，你的付出不会白费"。这是进一步提供承诺，能够让对方更加坚定地配合你的工作。

总之，在遇到矛盾之后，一定不要指望对方主动去理解你，而是要从双方的利益考虑，尽可能通过利益协调，化解矛盾。

解决矛盾和冲突，必须要忍让吗

控制你的情绪

小的时候，长辈经常教育我们，在和别人产生冲突之后要懂得忍让，退一步海阔天空，忍一时风平浪静。似乎只有忍让，才能化解冲突。然而，事实真的如此吗？

在我看来，忍让只是掩盖了矛盾，并不能真正解决矛盾，而且很有可能会让对方得寸进尺。想要彻底解决矛盾，要先看看造成矛盾的原因是什么。

当双方的矛盾不涉及利益的时候，那么你的情绪该释放就释放，不能一味忍让，要在合理的范围内适当地表达愤怒。当你的行为和想法与对方发生了对立，并且关乎切身利益的时候，你就不能被情绪左右，而是从利益出发解决矛盾。

遇到由利益引发的矛盾时，你首先必须搞清楚你的目的是什么，是争一时输赢，还是达到既定的目标。这就要求你必须控制你的情绪，让情绪从"在意"转为"不在意"。

很多人无法解决矛盾的原因就在于，他们过分在意自己的感受，而不是自己的利益。一方在意自己利益的时候，就一定有办法解决矛盾。因为谁想要先获得利益，谁就会首先低头，作出让步。因此，你需要做的是，提供令对方心动的利益点，用价值交换化解矛盾。

进行利益交换

我将通过利益交换来化解矛盾的方法，归结为以下三步。

第一步：关注自己的利益和目标，而不是自己的情绪、感受和面子。

第二步：放弃你的感受，主动向对方示好，并且为对方提供他需要的资源和价值。

第三步：双方利益交换，成功化解矛盾。

比如，我在外企任职高管的时候，和另一个部门的高管有些嫌隙，我俩之间经常暗自较量。但是在工作当中，我非常需要对方支持，这让我陷入了两难的处境。我一直觉得，如果我首先妥协的话，可太没面子了。

后来，我的一位领导启发了我："你能把这件事办成，能把工作做好，你就是最有面子的。你办成事之后能获得你想要的东西，你为什么要这么在意感受和面子呢？"

领导的这句话让我恍然大悟，我的目标是把工作做好，相比而言，我的面子算得了什么呢？于是我约对方出来吃饭，并且送给对方礼物。然后向对方挑明，我和她之间确实有矛盾，但是我想把工作做好，需要她的配合。如果她也需要我的帮助，那么我也会伸出援手。

这个高管是个非常强势的人，得罪了公司其他部门的很多人。正好，她做的一个项目需要我们部门的支持，但是由于我们部门的人都不太喜欢她，所以项目一直没法推进下去。因此，她非常需要我帮她疏通部门的人际关系。

这是她想要获得的利益，也是我能给对方提供的价值。我承诺帮她摆平项目当中的障碍，她也全力配合我完成了工作。虽然我们双方由于性格合不来，私交一直一般，但至少表面上我们化解了矛盾，我也出色地完成了工作任务，拿到了丰厚的年终奖。

由此可见，当矛盾出现之后，并非要一味忍让，或者随便发泄情绪，而是要分析利益关系，找出化解矛盾的办法。

有个网络金句说得很好："在成年人的世界里，面子一文不值。"这话听起来有些功利，却告诉了我们应当用什么样的心态去面对人际关系。

请记住，当你想要和别人讲和的时候，先别被自己的负面感受限制了。不妨问问自己，面子和利益之间孰轻孰重？保护面子，可以帮助你达成想要的结果吗？想通了之后，就要舍弃感受，想想你能为对方提供什么，用什么可以打动他，只有这样，你才能平和地处理问题，并且得到自己想要的。

留个"活扣"很重要

直来直去的人纵然有千般好处，却有一个显而易见的缺点：如果处理不好矛盾，很容易走极端，把问题搞得尖锐，让双方都下不了台。

就拿我自己遇到过的一个例子来说。一个在圈内小有名气的明星经纪人找我合作，他希望能够成为我直播方面的独家经纪人。

我自然是很看重这次合作的机会，于是很快安排见面。在谈判当中，对方说了很多自己的经历，比如合作过什么样的明星和网红，以及自己曾经被网红、明星骗得多么惨。我意识到，他说这么多负面案例，是想提醒我在以后的合作中不要这么对他，因为这些人最后都没什么好下场。这给我留下了不好的印象，似乎只要我敢对他有一点异议，他就会像对付那些人一样对付我。

不过，对方的能力和掌握的资源正是我当下缺少的。权衡利弊之后，我还是决定合作，于是我们开始签订协议。

谈判当中，对方一直主张签独家协议。但是，由于双方是初次合作，考虑到签署独家条款的高风险，我把合同期限由3年改为1年，并且去掉了"独家"二字。

当我把协议发给那个经纪人之后，他立刻炸锅，完全不同意我的修改，说既然不能签独家协议，那么双方是不可能合作了，只能当朋友。

我觉得我们完全可以再协商，于是我说出了自己的思路：合作中，双方各取 50% 的利益，各投放 50% 的流量成本，这样远比签独家协议对他更加划算。不过，对方反驳了我几句就消失不见了。

这是个失败的案例，但是说明了一个道理，那就是与合作方沟通的时候，最忌讳的是留"死结"。如果这位经纪人当初没有把话说死，给彼此留退路，那么即使当下不能达成一致意见，待以后双方再有意向的时候，大家还可以合作；相反，他直接抛下"不可能合作"的话，处处留下"死结"，即使我们未来有机会，也很难再启动合作了。

结合这个例子，我的建议是，应该在沟通当中多留"活扣"，不要把话说死，给自己也给对方多留下一些回旋的余地，给矛盾的化解留下足够的空间。

比如，我合作过一个创作内容文案的编导，这个人虽然在电影创作方面很有才华，但是我们合作的视频脚本部分他却写得很一般。如果换作别的老板，八成会放弃与这个人的合作。但是，我没有这么做，因为我觉得这么有才华的人一定会在其他地方有价值，而且，我们都是能够控制情绪的人，都能够相互理解对方。

这个人虽然写视频脚本不行，但在后来聊天时发现，他在写歌方面却是专业级水平。正好我创办的商学院需要创作一首校歌，我就请他帮忙谱曲作词，又由他找了歌手演唱和录制歌曲。这件事情他办得很好，展现出了自己的才华，也体现了他独特的价值。商学院的同学们都称赞这首校歌好听又感人。而且，我在这件事上花费的成本远比预期低了很多，收获了意外惊喜。

从这件事中就可以看出，在沟通当中一定不能打死结，因为一旦打了死结，你就失去了和对方未来很多潜在的合作机会，以及有可能让你感到意外的各种资源。人和人之间的矛盾，往往是因为一两句话得罪了对方，所以在沟通时，一定要控制自己的情绪，给双方都留出余地，为未来的潜在合作留下机会。

让竞争关系变为共赢关系

如果你问我,什么是战胜竞争对手的最好办法,我会告诉你,将竞争关系变为共赢关系。

如果你问我,什么是共赢?我会说,共赢其实是"他赢"。

你也许会说:"你在和我开玩笑吧?商业本身就是零和游戏,他赢了我能得到什么呢?"

其实我是想告诉大家,能够让本来纯粹的竞争关系变成一种合作共赢的关系,这是一个非常重要的商业技能。在多树敌和多交朋友之间选择,我相信你一定会选择后者,尤其是一些富有创业经验的老板和公司高层都不会轻易树敌。但很多人却无法正确地处理与竞争对手的关系,所以如何让竞争对手变成良性的"竞争朋友",则是一个更完美、更高维度的沟通思路。

值得注意的是,我们不是害怕竞争,而是不希望出现恶意竞争或者死对头,这对公司的发展并不是一件好事。

我在前面提到一个新词,叫"竞争朋友",那究竟什么是竞争对手,什么是竞争朋友?

竞争对手很好理解,当你的公司经营范围、目标用户和市场与对方业务完全重叠的时候,你们就成了竞争对手。这种情况会导致双方很难达成合作，甚至会产生不是你死就是我亡的局面。

而竞争朋友则是你的公司跟对方的公司既有重叠、竞争的部分，同时又有互补的空间。这时我们要做的，就是撇开重叠业务的竞争部分，着重挖掘双方可以互补合作的部分，让竞争对手坐回谈判桌上并成为合作的朋友。

举个世界知名企业的例子，比如可口可乐和百事可乐。这两家世界知名的饮料公司，一定是百分百的竞争对手。另外耐克和阿迪达斯、麦当劳和肯德基等，这些品牌之间都是竞争对手的关系。而对抖音和淘宝这两个平台来说又是另一番景象。

一方面，两个平台的竞争来自电商业务的部分，每年"618""双11"之类的购物节我们都能看到两个平台明争暗斗的场景。但同时，两个平台又存在互补和合作关系，抖音和淘宝每年都会签订价值几十亿元的合作协议，由抖音给淘宝提供一部分用户和流量。这使得两个平台变成了典型的竞争朋友关系。

在实际生活中，其实大部分人所从事的行业、所属的企业的竞争激烈程度，远远比不上我上面所说的几个国际知名企业。所以当我们遇到竞争对手，首要考虑的绝不是如何竞争，而是尽可能地去找到双方业务上的互补部分，化干戈为玉帛，由对手变成朋友。

我创业这么多年，深刻地明白一个道理：公司和团队在发展的过程中，尽量不要树敌。相信那些有丰富创业经验的老板和高管都会非常认同我这句话。因为就算你的对手只是一个很小、很弱的敌人，但你不可能无时无刻防备着他，你可能会轻敌或者人家恰好找到了你的痛处从而打击你，你这时候就会非常难受，甚至整个团队、公司因此而玩完，我说得并不夸张。所以，我想再次告诫大家，商战中尽量不要树敌，这是非常重要的一点。

我在我的短视频中也跟大家分享过一个案例。

楠姐：刘总。

刘总（转身）：楠总。

楠姐：恭喜刘总中标呀。

刘总：侥幸侥幸。

楠姐：确实要向您学习，方方面面做得都很细致，我输得心服口服。

刘总：楠总过奖了。

楠姐：刘总，精装部分交给我做怎么样？

刘总：这……

楠姐：您知道这部分我是强项，我给底价，比您自己做最起码省10个点。

刘总：嗯……我回去考虑一下。

楠姐：咱们虽然是竞争对手，但也可以是合作伙伴。

刘总：是的。

楠姐：我诚心合作，保证您的利益最大化，当然，对我公司也好。

刘总：好，就这么定了，我相信楠总！

楠姐（伸手握手）：谢谢刘总，合作愉快！

刘总是我的竞争对手，但是双方却并非零和博弈的关系。商业竞争也并非简单的二元对立，只要双方具有能够互补的商业利益，对手也可以变成朋友。

要想把你的竞争对手变成你的合作伙伴，就必须让对方在双方的合作当中得到实实在在的利益。让你的对手赢，把对手变成自己人，本质上是少了一个敌人，归根结底胜利的还是你自己。

"化敌为友"的三个步骤

"化敌为友"属于人际交往中的超高难度操作，因为你走错一步，不但在商业竞争上失去了体面，很有可能还会暴露出你的弱点，成为竞争对手的攻击点。

想要把竞争对手变成你的合作伙伴，是需要技巧的，楠姐教你以下三招。

第一步：主动示好

既然是竞争对手，那么双方的关系就一定不会很亲近。这就导致你并不十分了解对方正在做什么事、有什么样的具体需求，更不可能了解双方有什么能够互补的地方，或者快速找到共同的商业利益和目标。因此，主动示好，迈出合作的第一步，是最为重要的。

先说一件发生在我与我公司某个签约达人身上的事。

我打造过不少达人，有一个达人是公司在她做电商起步阶段时就签约合作的。一开始，达人负责制作内容，公司负责提供电商货品、压货成本以及线上店铺的运营。当她达到一个非常不错的带货成绩之后，她提出要跟公司解约，自己单干。这是很多MCN公司都会碰到的问题。

她曾是公司一手打造出来的，现在却要离开，并准备开一样的公司开展一样的业务，曾经的合作伙伴瞬间变成了竞争对手。按道理来说，一般MCN公司碰到这种情况，要么乖乖放人并老死不相往来，要么撕破脸对簿公堂闹得不可开交。但我当时的做法有些另辟蹊径，我没有阻止她离开，人各有志，强扭的瓜也不甜。

我虽然感到很失落，但思考再三，觉得为了这件事和这个达人闹僵并非上策。因为公司发展最重要的是不要树敌，而且最好要把竞争对手想办法变成竞争朋友。我主动跟她提出："不如我们换种方式来合作吧！你单干之后还是要找人负责货品这一块，而我们毕竟合作了这么多年，彼此都已知根知底了。所以你和你签约的达人可以继续卖我的货，压货囤货的成本依然由我来承担，我也不限制你和你的达人卖其他公司的货。你想做老板，我支持你！"

她非常感动，对我说："楠姐，我从来没有见过像你这么好的老板！"

就这样，她从公司旗下的达人变成了公司的合作伙伴。她成立了跟我公司性质类似的公司，两家公司的业务确实有不少重合的部分，但是我们并没有因此成为纯粹的竞争对手，双方还继续以合作的模式共处。

第二步：展示价值，提供资源

还是这位达人。我知道她的父亲一直身体不好，看病治疗需要高额的费用。因此我接着对她说："我认识一些医术比较不错的大夫，你的父亲如果需要治病，我可以为你引荐。"

提供资源对于化敌为友而言，是非常重要的一个环节。即使你主动示好做得再好，不能为对方提供想要的资源也不可能形成合作关系。

你提供的资源如果是对方稀缺的，那么就和对方形成了互补。这时，你们看似是竞争关系，其实已经为形成新的链接做好了铺垫。

在一般的商业合作中，我们则需要最大化地向竞争对手表明你的商业合作价值。如果你只是单纯地跟对方说：我们要友爱，我们不要恶性竞争，我们可以成为朋友之类的话，对方可能连回应都不大会回应你。因此在接触过程中，一定要优先抛出自己的合作价值，你能给对方提供什么样的帮助，能产生什么样的利益。当对方觉得这个事情还不错、可以做的时候，大概率这个事情就能成功了。

第三步：利益互换

许多人在做完第二步提供资源之后，就以为大功告成了，竞争关系会自动变为共赢关系。实际上，这么想是错误的。

商业关系本质上是利益互换，共赢关系更是如此。你为对方提供资源只是一方面，只有当对方回馈以对等的价值时，你们才能算是构建了新的合作关系。

我在为达人提供了对她来说互补的资源之后，继续对她说："我这边目前可以给电商类的达人提供货品和服务，这块业务和你公司的主营业务并不重合，而且还很互补。你可以把你签约的达人的电商业务交给我来做，我们合作共赢！"

她想了想，然后把她签约的几个达人的电商业务交给了我来做。

于是，原本是竞争对手的双方，建立了合作共赢的关系。

总之，商业关系并不是非黑即白的。有些时候，我们被简单的对错限制了思维，忽略了这个道理。而真实的商场逻辑是，只要你能帮我解决问题，只要你能给我提供想要的价值，我们就有合作的空间。

还是老观点，成年人的世界直接给对方利益和价值，比营造好关系更为有效。很多时候，保持开放的心态会获得更多，这个世界很少有人能够通过吃独食做大做强，只有合作才能产生"1+1 > 2"的效果。所以我们在商务沟通中除了只有"听你的"和"听我的"这两种选择方式，还多了一种"听我们的"的新选择。

在面对竞争对手时，千万不能被非友即敌的"二极管思维"限制。要从对方的需求和利益出发，寻找你们之间能够合作的地方，才能化敌为友，合作共赢！

职场矛盾：遇到"职场 PUA"怎么办

这几年经常听到"PUA"这个概念。一次，我的朋友小璐对我说，自己被领导 PUA 了。

她在工作上常常要对接两个领导，但这两个领导的意见又经常不统一，小璐被这两个人指挥得团团转，导致工作常常完不成。其中的一个领导又总是以工作业绩不达标为由，对小璐横加指责。

这样的工作环境，让小璐觉得每天上班的心情比上坟时还要沉重。但是，她既要还房贷，又要供孩子读书，一时又不能辞职，所以每天都感到很苦恼，想问问我应该怎么解决。

听完她的倾诉之后，我反问了她一句："你遇到的事情，真的是职场 PUA 吗？"

实际上，PUA 是一种很严重的心理犯罪行为。职场 PUA 指的是职场中上级对下级的精神控制，即领导精准打击员工的自信，以达到从精神上掌控员工的目的。"施暴者"会交付给你巨大的"压力"，下级无论怎么做都会被批评打击。

在这种高压打击下，员工会逐渐否定自己的价值，认同能进这公司都是福气，被开除就再无出路，从而被迫服从领导的权威和羞辱，扛不住的人甚至会自杀。这种职场PUA通常对社会经验不足的职场新人非常奏效，让其深受折磨。

其实，从小璐的描述来看，她遭遇的并非职场PUA，而是普通的职场矛盾。要知道，真正的职场PUA是不断地打压你，但是不给你解决办法，孤立你，让同事远离你，让你对领导产生深度依赖感。真正的PUA很少，因为施暴者需要费很大功夫，才能把氛围做足。

如果真的遭遇职场PUA，那么我建议直接离开公司。但是，小璐面对的是职场矛盾，却可以用沟通来化解。

小璐面临的问题，很多人都遇到过，那就是公司决策层意见不统一，领导之间的矛盾转移到了下属的身上。

如果你也遇到了类似的问题，我们可以分以下四个步骤来解决。

第一步：告诉领导你的不容易

你可以在两个有矛盾的领导当中，找一个跟自己更亲近的领导，向他说说你自己遇到的问题。这时你不要参与到两个领导的矛盾当中，只是真诚地向他说出自己的烦恼。

在诉说的时候，最初的态度尽量积极一些，比如"我真的很喜欢这份工作，跟您相处也很开心，但是……"

注意，你只是客观诉说目前存在的问题，千万不要控诉另外一个领导，不要去告状，以免隔墙有耳。

第二步：让对方站在你的角度考虑

之后，你可以告诉他，自己特别想把工作做好，但是真的不知道该听谁的。请领导站在你的角度想一想你的难处，如果再这样下去，你真的没法工作了。

比如："您上次交代我的任务，我非常认真地在执行。但是在一些关键节点上，我不知道应该听谁的……我今天来找您，真的是想请求您的帮助。如果再像现在这样下去，我的工作很难推进，我也非常着急。"

第三步：传递假的离职信息

你可以向领导传递想要离职的消息，告诉领导如果这个问题不能解决，那么你就只能离职了。其实，这并非真的要离职，只是虚晃一枪，真正目的在于将你的意思通过一个领导传递给另一个领导，无论他们的关系如何，面对下属离职他们还是会面对面地去认真讨论这件事。这也为避免再出现管理混乱的情况做好铺垫。

你可以继续说："说实在的，如果工作完成度不好，不能满意地交付给您，交付给公司，我最终只能引咎辞职了！"

第四步：让对方下达明确的指令

你的领导在听到你的倾诉之后，也许会对你说："不要听另一个人瞎指挥，一切服从我的命令。"

即使领导明确表示要全听他一个人的话，你也要让领导发布一个公开指令。比如，在你们的微信工作群做一个公开声明，明确一下你的工作责任。或者让领导和另一个领导沟通好，两人在后续的工作中先达成一致意见，再向下传达，不要随意发出命令。

做完上述四个步骤之后，问题如果还是不能被解决，那么我建议你离开这家公司。因为人生苦短，没必要把宝贵的青春浪费在这样一家管理混乱的公司里。

不论在职场还是生意场，不论是领导之间的矛盾、销售与客户之间的矛盾，还是领导与下属之间的矛盾、创业者与投资人之间的矛盾，都可以通过沟通来化解。沟通既是最低成本的解决问题的方法，也是避免矛盾激化的最佳路径。

当然，这不仅需要我教给你的沟通方法，更需要你有清晰的头脑以及冷静的心理状态。用有效的沟通清除你前进路上的障碍，将矛盾和冲突化解于无形。

6

职场关系管理：
提升你的"软实力"

职场人最不容忽略的竞争力，就是影响他人的能力。

为什么有的"职场常青树"可以屹立职场永不倒？秘诀就在于他们具有不可或缺性，能够被共事者信赖。

无论你是领导、员工，还是合伙人、合作方，都要利用自己的人格魅力和人际洞察力，成为布局之中无可替代的那一个。

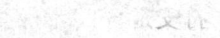

先做好自我管理

无论你是老板、高管还是普通员工，都免不了要与诸多同事、合伙人打交道，因此，学会经营职场关系，是每一个职场人的必备技能。当然，这并不是让你变成"职场老油条"，而是为了让你在工作时更加得心应手。

所以，在分享管理职场人脉的方法之前，我们应该先进行自我管理。因为我始终秉持着一个观点：想要别人认可你，你自己必须实力过硬、人品靠谱。

做你自己的老板

我在企业里做高管的时候，经常听见手下的员工抱怨每天的工作太多，上班的时间根本完不成，每天都要加班。员工甚至会把矛头指向自己的领导，认为是领导不会管理，才会出现这种问题。这时候，我总会反问一句："这真的是领导不懂管理吗？还是你缺乏自我管理的能力呢？"

有些人看起来很忙，其实是在假装努力。如果你仔细将他们每天的工作做个记录，你就会发现他们的时间和注意力往往被刷手机、看网页、刷短视频、购物占据了很大一部分。真正集中精力做事情的时间，反而非常有限。

有些人将这个问题归结为缺乏时间管理的能力，但是我认为，不会管理时间只是表象。时间管理的重点在于，如何用计划分配时间。然而，许多人可以把工作安排得很完美，却很难执行下去。真正的问题在于，他们不能自我管理。只有提升自我管理的能力，做到自律、克制、克服多余的欲望，才能将全部的时间和精力集中在当前重要的工作当中，实现自我价值的提升。

如何才能提升自我管理的能力呢？我觉得，转变自己的心态是最重要的。你只有从打工人的心态转变为老板心态，才能真正学会自我管理。

做危机感的朋友

老板心态和打工人心态最大的区别在于，老板往往有着极强的危机感。而且当老板的人，对自己的要求都很高，会把最坏的一面放大，给自己制造危机感。

哈佛大学的一项心理学研究指出，在危机事件发生后不久或当时，人会感到震惊、恐慌、不知所措。不过，当事人会努力恢复心理上的平衡，控制焦虑和情绪紊乱，恢复受到损害的认知功能。

接着，遭遇危机的人会积极采取各种方法接受现实，寻求各种资源努力解决问题，使焦虑减轻，自信增加。最后，经历了危机变得更成熟，获得应对危机的技巧。因此，给自己制造危机感，不仅能够让自己更加努力地工作，而且能够有效促进自身心智的提升。

比如，我在做产后恢复创业项目的时候，虽然成功地拿到了融资，而且商业模式已经跑通了，但是，我依然不断告诉自己，瓶颈已经出现，危机就在眼前，如果不能不断开拓新业务、找到更多盈利点，那么公司很有可能倒闭。这也促使我没有停留在原地，而是不断前进。到后来，我最终发现了打造网络IP的风口，完成了事业上的飞跃。

我经常会回想自己最难堪的境遇，设想我现在的项目夭折，我又要重新创业该怎么办？想一想我真的面对这样最糟糕的境遇，自己还能否接受？并且告诉自己，如果我不努力工作，就会很快遭遇危机。

请想象一下，一个人每天面对生死存亡的危机感，他会因为一点小事苦恼吗？一个人每天努力工作，很担心并且想象着第二天项目也许会夭折，自己和公司很快会面临淘汰，那么他会因为外界的诱惑或一时的懒惰、享乐而停下前进的脚步吗？危机感十足的人，会被小小的困难吓倒吗？答案当然是否定的。所以，当危机感成了你的朋友，你就可以克服一切困难，提升自我管理的能力。

找到你的"鸡血娃"

不同老板自我管理的方法也有差异，有一类人会找安静的地方复盘，对自己做过的事情进行深度思考；还有一类人会选择"躺平"，等待其他人用行动唤醒自己。我则属于第三类人，喜欢自己吓唬自己，给自己制造危机感。

我会经常关注身边的人和事，哪些项目夭折了，哪些公司做得好好的却突然间倒闭了，它们为什么会有如此境遇，我从中要做哪些思考和要获得哪些警醒。因此，每每我在做公司新业务拓展的时候，一旦业务到了高点，我都在想，不久后的一天业务一定会面临风险，我是时候去开展新的业务，而新的业务方向在哪里，我必须提前找到它。

不过，很多人问我："我不可能像楠姐那样，每天都那么充满危机感，那我该如何自我管理呢？"确实，一个人的能量毕竟有限，不管你如何给自己制造危机感，也总有觉得疲惫的时候。

对于这个问题我的建议是，找一群打鸡血的伙伴，和这些"鸡血娃"组成团队。让"鸡血娃"每天给自己打鸡血，找这类人补充能量。当你疲惫的时候，看看你身边充满干劲的"鸡血娃"，你怎么好意思懈怠呢？

如何成为决策者需要的人

"自己人"才是决策者需要的人

在和闺密一起吃火锅的时候,闺密向我说起她工作中的烦恼:"我每年在公司都是业绩排名第一,但领导就是不给我升职,我实在想不明白,这到底是为什么?"

闺密是个非常有能力的人,而且人品过硬。但是,在公司里始终得不到顶头上司的信任。我分析了一下,她哪儿都好,就是很少和领导交心。她更愿意将自己的精力放在工作上,认为只要把工作做好,表现得足够专业,就一定能获得领导的信任。

但是,现实真的是这样吗?我自己在当老板之后,很清楚老板会信任什么样的人。领导信任的人不一定是能力最强的人,但一定是自己人。

领导提拔员工往往不会把能力摆在第一,而是会提拔有能力的自己人。因为用自己人可以降低风险,也会给领导充分的安全感。只有让领导把你当成自己人,他才会给予你更多的升职涨薪机会。好比孩子只会与自己信任的人分享玩具,老板也会更多地给自己信任的人职场空间,会把更多的项目、机遇、资源都交给自己人。这本质上是一种交换,用自己掌握的资源换取对方的忠诚。

如何成为"自己人"

既然只有成为自己人才能被领导需要,那么如何成为领导的自己人呢?我结合职场中的一些经验,分享以下四种方法,希望可以给你启示。

方法一:给领导想要的

想要让领导把你当成自己人,就要想决策人所想,凡事都能想在领导前面。要给予领导信任感和安全感,不能让领导觉得你是个麻烦。

你可以从细节做起,建立你和领导之间的信任。比如,在回复领导微信的时候,一定不能只说"嗯嗯""好的""收到",这会给他以敷衍的感觉。你可以偶尔尝试用"没问题""请您放心""我一定办好"来回复。

你也可以在领导加班、特别忙碌或者心情低落的时候,默默给领导买他最喜欢喝的饮品、点心、零食送给他。这些事情虽然很小,但是能让对方感受到你对他的重视和关心。

方法二:提供稀缺价值

提供稀缺价值,就是给领导别人给不了的东西。比如,在领导感到疲惫的时候,你能牺牲一些时间听他倾诉;或者公司的其他人都拿不下一个单子,但是你能啃下这块硬骨头,替领导排忧解难等。这些都是别人无法提供的稀缺价值。

当你能向决策者提供别人不能给的稀缺价值时,你就可以在领导作决策时给他建议。你虽然没有掌握权力,但你拥有了影响决策的能力。

方法三:给领导安全感

忠诚、夸赞、尊重、替领导背锅等,都是可以给领导提供安全感的方式。这些都是只有亲近的人才能无条件给予的东西。比如,领导周围的人纷纷离他而去时,你依然能跟随他。能给领导提供安全感,领导自然会把你当成自己人。

方法四：像家人一样对待领导

这是最高级别、最高境界的方法。这个世界上，我们最信任的人是谁？我相信大多数人的回答一定是家人。所以我想说，如果你能像对待家人一样对待你的领导，你就有可能获得他像对待家人一样的信任。

比如，我曾经的一个朋友在他老板突然半身不遂的时候，公司和医院两头跑，忙里忙外地照顾了老板和他的家人两个月。在老板康复之后，这个人被立刻提拔成了老板最得力的助手。

其实，让领导把你当成自己人，并不是那么困难。你只需要一点同理心，并且在细节处想在别人前面，就能够实现从外人成为领导自己人的跨越。

如何成为优秀的领导

懂员工才能成为好领导

在管理公司的时候,大家很容易陷入一个怪圈:总是执着于寻找快速见效的秘籍,看见别的老板做股权激励,自己也跟着做;看到大企业搞 KPI,自己也要搞一套;看到别人带着员工搞真人射击对抗比赛的主题团建,自己也恨不得马上穿上装备玩上一把。

仿佛别人的公司看似有效的领导方式,都要在自己的员工身上试一遍。在我看来,这些人都忽略了领导公司最重要的一点,那就是:你真的懂你的员工吗?那些所谓有效的方法,真的适合你的员工吗?

我在领导员工的时候,始终相信,只有懂员工的领导,才能成为好领导。你只有把员工当成自己的家人,员工才会把你当成自己人。试想一下,那些在乎你的人,他们会骗你吗?作为你的家人,他们会伤害你吗?当你遇到困难的时候,你的家人会袖手旁观吗?

我在前文说过,对待领导,可以像对待家人。其实,对待员工何尝不是呢?最强的关系,就是成为像家人一样的关系。一个好领导手下的员工,会在你最需要关心的时候,带给你最爱喝的饮品,给你一句真诚的问候;当你碰到棘手的问题时,你的员工会主动维护你;当你被攻击和诋毁时，你的员工会站出来替你挡回去。我相信，员工的这些行为，一定不是平白无故的，那一定是你平时对他们关心和爱护的回报。所以，我在这里说的"家人"，并不只是表面上"家人们，大家冲啊"的口号，而是真正从态度上、行动上给到员工家人般的尊重和关爱。

我很认同胖东来的创始人于东来的一句话："企业的成功，源于给予员工真诚的爱。"只有你心里装着员工，并给予他们需要的价值的时候，员工才会真的把企业当家，为企业卖命。你的企业也才能真正实现发展，赢得最大的利益。

员工真的只看重钱吗

有些老板觉得，自己的员工工作不卖力，动不动就离职，都是因为钱给得不够多。但是，事实真的如此吗？我在一次给员工开会的时候，对员工看重的东西做过一个调查，结果很出乎我的意料。

我发现员工最看重以下三件事。

第一，在公司工作能学习很多东西，提升自己的工作能力。尤其是一些年轻的员工，大多数都把"学到真正的本事"放在第一位。

第二，在公司工作能对接资源，扩展自己的人脉。

第三，能赚到钱。赚钱虽然重要，但是绝大多数员工并没有把它排在第一位。

回想我自己的工作经历，也同样如此。我刚刚在外企工作的时候，领导做什么都不带着我，我觉得自己被孤立了，也曾想离职。但是，当我熬过一段时间、打好基础之后，我的部门领导开始带着我出席各种会议，并不断向我共享一些工作经验、心得和资源。

我发现在开会的时候，这位领导总能说出要点，能快速总结和引导对方按她的思路来做事。而她还有一个最大的本事，就是像一条变色龙一样，能够见不同的人说不同的话。比如，对强势的人她就表现得克制和温柔，对那些需要领导能力强的员工，又表现出极强的工作能力；想求别人的时候，她又能撒娇，管理下属的时候又铁面无私。

从她身上，我学会了很多职场经验以及管理上的技巧。我后来的谈判、沟通技能，也有一部分借鉴了她的做法，当然，我进行了筛选和优化。

此外，她还会把商务资源对接给我，不断把我引荐给各种资源方，拓展了我的人脉，这让我对她的印象完全改观了。那时，我的薪水并不高，但是跟着这位领导，我能迅速提升工作能力，并且拓展自己的人脉圈子。所以，即使忍受低工资，我也一直在那家公司打拼了很久，并且升到了中层管理的位置。

直到我提出涨薪被拒绝，才离开了公司，因为大公司的涨薪制度的确非常苛刻，这让我觉得高层没有看到我的价值。当然，那位领导也做了向上管理，她试图说服领导："楠楠是老员工，基础工资并不高。但是，她的能力很强，又熟悉公司的业务。如果空降干部顶替她，也不一定比她干得好，还不如把钱给到她。"

公司的高层并没有采纳她的建议，我最终也选择了离职。不过，现在回想起来，我依然觉得那是一段我成长最快的时光，也是对我产生深远影响的一段时光。

对员工来说，**学习是骨骼，资源是羽翼，钱是金窝**。能学到东西，是支撑员工愿意待下去的基础；能获取资源，是帮助员工起飞的动力；能拿到钱，是保证员工愿意持续待下去的激励。也就是说，老板只有让员工在公司自身能力真正得到提升，并且获得实实在在的奖励的时候，才能留住员工的心。

如果老板只是在嘴上说把员工当成自己的家人，但是又不给员工发展的机会，不提供足够的价值和奖励，那么员工一定不会把老板当自己人，更不会给这样的公司卖命。

好领导都会向员工"示弱"

除了要善待员工，给他们提供价值，学会示弱也是公司领导必须具备的技能。我在读历史的时候，对刘邦这个人很感兴趣。他从一个普通的亭长，成就霸业当上了汉朝的皇帝，这个人有他的过人之处，是个很成功的管理者。

刘邦有两个口头禅，一个是"固不如也"，另一个是"为之奈何"。每当遇到困难的时候，他总是会反复向下属唠叨这两句话，并且做出一副很无助的表情，期待他手下的谋士"拯救"他。

往往在这个时候，他手下的顶级谋士张良、陈平、萧何等人，就会为他出谋划策，帮他妥善地解决问题。

刘邦的做法看似很软弱，实际上却是管理学当中最为高明的手段。当你示弱的时候，就会激发别人的保护欲。这时，领导者就可以最大限度地调动员工的智慧和积极性，让他们为自己所用。

杰出的帝王要学会示弱，优秀的企业家更是如此。比如，企业家俞敏洪就是向员工示弱的高手。创业之初，他把许多比自己强的北大同学吸引到自己身边，帮助他一起创办新东方。

那些北大同学起初也看不起俞敏洪，但是老俞并不和他们计较，而是非常虚心地采纳他们的建议。这些人也在不知不觉中，推动着企业的发展。

老板向员工示弱的技巧

老板天然站在强势的位置，怎样才能不留痕迹地示弱呢？你需要学习一些必要的技巧。

首先要注意的是，对你的员工示弱，一定要单独进行。一来，单独示弱会让对方觉得你是对他另眼相待；二来，老板的身份如果公开示弱，可能会打击员工的积极性。

比如，你很认可公司的一个员工，并且想让他成为公司的骨干。这个员工的人品很正直，并且心地善良。

对这样的员工，你就可以单独和他谈一次话，并且用示弱的方式拉近你和他之间的关系，让他成为公司的骨干。示弱可以包括以下三个步骤。

第一步：表达自己的难处

对他讲一件最近发生的事情，这件事让你觉得很棘手，而且要透露自己的无奈。告诉他，你很想听听他的看法。

你可以说："我比较相信你的为人和能力，我也需要你的帮助。对这个问题，我非常希望你能给我一些建设性意见。"

第二步：倾听对方的谈话

在对方阐述自己的想法时，要耐心听他传递的信息以及给你的方案。当他说完之后，你对他说："我认为你说的第几点是非常好的，为我打开了思路。像你这样得力的助手很少，我也希望能在工作当中得到你更多的支持。当然，也希望你可以帮助我传递更多的信息，你知道的，我平时太忙了，一些员工的想法和需求，我可能不能够及时、很好地感受到。如果有你在，我们公司的氛围可以更和谐。"

示弱要表现出你的弱点，达到与他的共情。如果对方是男生，那么此时就会激发对方的保护欲。如果对方是女性，也会触发她母性的一面，开启她的保护模式。

第三步：许下承诺

最后，你要向员工许下承诺。承诺必须与员工的切身利益相关，比如升职或者涨薪，并且在谈话即将结束的时候，要向员工表达郑重感谢。毕竟一切语言技巧都只是辅助，你的行为一定要让对方觉得你值得信赖。

相信这样沟通下来，这个员工不仅会非常信任你，还会在公司内部维护你的声誉，因为他也真正把你当成了自己人。

举个例子。我公司曾经有一位部门主管，能力很强，我非常信任他，但我发现这个人在工作中没有担当。其具体表现在，不管遇到什么问题，他都采取欺上瞒下的方式解决，对我说是下面员工的问题，是谁谁谁失职了；面对员工，有问题就往老板的身上推，搞得员工都恨老板。

于是，我用示弱的方法，和他单独进行了一次谈话。

我说："咱们共事这么长时间了，你一直是个有感情的孩子，不论是专业上还是公司的事情，我都很依赖你。"

对方笑着点了点头。

我接着说："不知道最近什么原因，员工对公司意见很大，这件事只有你能帮我。"这时，对方的保护欲就很容易被激发出来。

他对我说："楠姐，有什么我能帮忙的，您尽管说。"

我说："我听人事反映，咱们公司上个月折腾搬家，虽然找了搬家公司，但搞得大家也都挺辛苦的，因为只能晚上走货梯搬过去，导致大家连续几天没能准时下班，财务给大家陆续安排了调休，所以这搬家的时间没有算在加班里。有一部分员工觉着咱们公司冷血无情，这让我也很苦恼。其实这期间公司为员工也做了很多事情，比如发福利、发奖金等。我想听听你对这个事的看法。"

他说："这并不是咱们公司的问题，遇上公司搬家，这本身就是大家分内的工作。而且，公司也发了那么多福利给大家，都是一些高价的礼物，价值和搬家的加班费来比只多不少，所以不应该埋怨公司。"

我说："你能不能在平时和大家聊天时，把这些话对他们说说？也不知道他们能否理解公司。顺便问问他们的真实想法，楠姐也希望能尽量满足大家的要求。"

他拍着胸脯说："没问题，包在我身上！"

自从那次谈话之后，公司的员工再也没有出现过对这件事的风言风语。这位主管也能够承担起自己的责任，工作积极了很多。

如何用示弱挽留你的员工

示弱不仅可以激发员工工作的积极性，对要离职员工的挽留也很管用。当你的公司有员工提出离职，但是你又很想挽留这个员工的时候，你可以先判断员工的类型。

如果这个员工非常在乎钱，你可以对他说："我觉得你很勤奋，工作能力也很强，我很想给你加薪，你值得更好地培养，我未来的规划里有你。希望你能跟随公司共同发展，以后一定能赚得更多！"

这时，对方心里会认为自己太狭隘了，老板对自己这么器重，自己真的不应该离职。而且留在公司自己会赚更多的钱，真的应该留下来。

对于不那么在乎钱的员工，在和他谈话的时候，也要主动提出涨工资。并且要向他表达公司没他不行，如果没有他那团队就散了。

不那么在乎钱的员工，往往目光更长远，更在乎别人认可自己的价值，以及自己在公司能否继续提升自身的价值。你对这样的员工示弱，会让对方感到自己很有价值，在公司里很有存在感，这样可以促使对方留在公司。

如何通过沟通管理团队

沟通是最高效的管理手段。

我们在投诉一家公司的时候，经常会对客服说："这个事到底谁负责？你沟通了这么半天，还没找到负责人？"如果这家公司的日常管理很到位，那么过不了多久就会对接到负责人，并且开始处理客户的投诉。

但是，一家公司如果管理很差，很长时间都不会有人过问你的问题，或者客服把问题像踢皮球一样踢来踢去，这样很多客户会觉得自己遭到了怠慢，问题一拖再拖，甚至会导致客户采取更极端的方式解决问题。

那些效率很低的公司，并不一定存心要把事情搞砸。这些公司的问题也许多种多样，但是一定存在一个共同的弊端，那就是沟通效率低下。

其实，沟通是最高效的管理方式，而且管理成本最低。比如，丰田公司第一位总裁在上任时规定，公司所有的管理者必须有三分之一的时间在丰田汽车的工厂度过。在这段时间里，必须和公司里的多名工程师聊天，聊最近的工作，聊生活上的困难。另外三分之一的时间用来走访经销商，和他们聊业务，听取他们的意见。

丰田公司的这项规定延续了很长时间，在这期间公司的管理者们受到了许多员工的深深爱戴，公司也进入了最辉煌的时期。但是，公司在更换几任总裁之后，取消了这项规定，公司的业绩也开始滑落。当然，业绩的滑落不一定完全是这个原因带来的，但也难说与此无关。

总之，沟通不但决定着管理效率，也与公司的发展息息相关。

沟通要直指人心

那么，怎样才能提高工作中的沟通效率呢？我认为，在管理工作当中，沟通必须直指人心。你在和员工沟通的时候，不要只是追问，不要只命令他、单方面地陈述，而是要给出一些有效的回应，让他知道你正在认真聆听他的汇报，他才愿意更加坦诚地表达自己的感受和建议。

在回应对方时，可以遵循以下公式：

有效回应 ＝ 描述对方的感觉 ＋ 总结对方传递的内容

例如："我明白你对工作进度有些担心（描述对方的感觉），因为这涉及你能否拿到年终奖（总结对方传递的内容）。"

又如："方案审批通过你一定很高兴（描述对方的感受），这样你就可以提前两周完成工作了（总结对方传递的内容）。"

相信以上公式可以让员工更加愿意对你说真心话。

讲个故事试试

除了有效回应，讲故事也是非常有效的沟通方式。心理学家斯坎特提出，故事是促使人类形成共识的最有效方式，群体的认同感始于共同的故事形象。

1994年，波音公司遇到一些困难，总裁康迪上任后，经常邀请高级经理们到自己的家中共进晚餐，然后在屋外的院子里围着火堆，讲述有关波音的故事。

康迪请这些经理把不好的故事写下来扔到火里烧掉,以此埋葬波音历史上的"阴暗"面,只保留那些振奋人心的故事,以此鼓舞士气。

柏拉图说:"会讲故事的人统治世界。"放在公司管理当中,也是同样的道理。优秀的管理者,一定是那些善于讲故事的人。

我在和员工沟通的时候,很少长篇大论地说教。每次发言之前,我通常会讲一个和主题相关的小故事引出话题。并且把要讨论的问题作为故事的结尾,通过这个问题引出主要论点。就像我在写这本书时一样,我尽量用故事和案例跟你分享我的观点和经验。

故事不仅可以迅速吸引员工们的注意力,而且故事铺垫出的场景,也能最大限度激发听众的感受,为达成共识做好铺垫。

口惠实至很重要

沟通是管理手段,但一定不能成为管理的目的。你在和员工沟通之后,一定要将你的承诺落实在员工的工作和待遇当中。

相比于大公司而言,小公司在股权分配上更加灵活。小企业的老板可以充分发挥这个优势,用股权激励将员工自身的利益和公司的发展绑定,推动公司业绩的提升。

我的公司在做部分的业务转型时,以短视频、直播、培训、带货为主,相比于传统的股权激励模式而言,我以项目为中心做股权激励。

我把公司部分股份放入期权池,每个与核心业务相关的重要员工显名领取期权。把业务拆分成 ABC 各个项目,如果一个项目的有限合伙拿钱了,就会起到激励作用,员工会自告奋勇地参与到项目中。

这种股权激励模式在出现利润之后,要立即分钱,比如一个月有利润,当月就根据股权比例分钱。在股权激励之前,必须对员工进行动员,详细分析该项目的利润曲线,让员工直观地看到可分到的利润,并与员工签署合伙协议,这样才能最大化调动员工的积极性以及获得忠诚度。

用好你的"内部大脑"和"商业外脑"

我常说，成功的商人都有两个脑袋，一个脑袋关注企业内部的运作，另一个脑袋关注变化的商业环境。我把关注外部环境的脑袋叫作"商业外脑"。如果你想创业成功，就必须在协调好内部团队的同时，用好你的"商业外脑"。

我的两个大脑，一个是内部大脑，一个是外部大脑。

内部大脑是需要调整的，虽然不能说你内部的人很多都是无能之人，但你还是要不断地去完善你的队伍并从中提炼出你的精锐战队人选。当你的外脑确定要开疆拓土拓展新领域的时候，你就需要组建"敢死队"，就跟打仗一样，敢死队就是去冒死完成任务的，队员也知道一去很可能"有来无回"。

这些"敢死队"员工，他们本来能在别的部门赚很多钱，但是跟着你做这个新业务，很可能到最后分文没有。敢死队的成员必须不看重眼前利益，不计较个人利益，只在乎集体的成功。如果敢死队成功了，就会成为英雄，成为公司的超级骨干。

英雄不是谁都能当的，每个人都热爱荣誉，但只有勇往直前的人才能获得这份荣誉。非常幸运的是，我的公司就有这样的人。在我的公司转型之后，我曾经有段时间都是在苦苦硬撑的，而他们愿意挺身帮助我，每天熬着夜和我一起研究短视频平台的各种规则和数据，研究如何输出好的内容，获得流量红利。我非常感激他们，他们就是我的"内部大脑"。

　　当然，我如果没有搭这个台子，就不会有后续的发展。我创业10年，在创业的整个过程当中，我都在不断地提醒自己："李楠，你是这家企业的开拓者，你必须扮演好开疆拓土的角色，要拥有一个清醒的'商业外脑'。"

　　我并不是一个独断专行的人，我也能够听进去内部人的意见，但是我永远会留出一个"外脑"，冷静而客观地观察外部世界的变化。商业外脑会清晰地告诉你，当下的业务还有没有价值，还有没有发展空间。外部世界永远是有机会的，就像金山闪烁的微光，可以指引你去抓住机会。但如果你缺乏商业外脑，就看不到这个微光，无法跟上趋势。

　　看不清外部形势，错过趋势，公司很可能会死路一条。

　　因此，在创业的过程当中，你必须处处留心所处的商业环境。只有外部商业环境出现变化的时候，才会出现商业机会。比如，我之前做过产后恢复项目，但是为什么要转型做MCN机构呢？就是因为外部环境出现了机会和趋势，让我必须转型才能生存。

　　其实，我的产后恢复项目在当时已经拿到了新一轮的投资，但我并没有投入太多的钱在这个项目当中。我发现这个项目收入模型单一、存在着无法克服的瓶颈，而网红经济是趋势，当时我并没有和投资人商量，就果断地转型了。赢利之后，我才和投资人说了转型的事情，投资人表示非常支持，又追加了投资。

　　投资人更在乎的是投资回报率，并不在意让他们赢利的项目具体是什么，所以，拿到投资之后要立刻做正确的事情，不要反复在看不到前景的项目上消耗时间和金钱。一旦确定好自己要做的事情，就要学会做减法，要把优势的资源和人力用在刀刃上，打造能赚钱的拳头产品或服务，集中优势兵力,撕开一个口子。

总之,做生意不要只盯着公司内部的运作,也不能只是一味地低头往前冲,一定要有一个"商业外脑",时刻保持清醒,多看看外面的世界。同时,你要找到靠谱的、可以背靠背作战的合伙人,让他成为你的"内部大脑"。

创业，一定要选择对的人合作

有人说，选对合作伙伴，你的创业就成功了一半，我深有同感。

那么，如何选择靠谱的合伙人呢？我一直主张不要首先选择和你的好朋友一起创业。

在我们的印象中，中国的企业家在创业时，通常会首先选择亲朋好友来合作。其实，西方的投资者也是如此。2012年6月，哈佛大学商学院的研究人员发表了一篇名为《友谊的代价》的文章，这篇文章考察了3510个风险投资者，以及他们将近三十年间的11895个投资项目。其中，只有极少数人会更侧重于考察对方的能力和资源是否匹配，会选择一些熟悉程度一般的人合作，有的是曾经的商业伙伴，有的是通过某些商业活动认识的。然而，大多数人会选择最熟悉的人进行合作，比如老同学、亲戚、朋友等。

研究发现，那些习惯和亲朋好友合作的投资者，成功率会大大降低；相反，单纯评估合作方的能力，或者从商业活动中寻找合作伙伴的投资者，成功率高得多。这个结果是不是非常出乎你的意料呢？

那么，和朋友合作，为什么要更加谨慎呢？

原因有很多。首先，如果你的公司有好朋友进入管理层，你很难在决策时抛开私心，这就会导致职能混乱、职场界限不清。我们对于合作的人如果掺杂过多的私人情感，往往会让人失去原则，很容易出现以权谋私的现象。

其次，在合作中，太熟悉的人在资源人脉、信息通道、认知模式上很多都重合，很容易形成思维定式和"信息孤岛"，不利于公司及项目的发展。

最后，也是我认为最重要的一点，是在做生意的过程中，我们难免会出现利益上的分歧甚至纠纷。当你面临友情和利益的抉择时，不论选择哪一个，都会让你陷入困扰当中。

那么，选择什么样的人一起创业最合适呢？我认为包括以下三类人。

第一类，行业老二。以我的经验，创业公司在选择合作伙伴时，最好找行业里的二把手，这是经过无数次验证的。比如雷军、王兴、蔡崇信、牛根生这些响当当的企业家都曾有在企业中担任二把手的经历。

这类人在行业当中有一定的积累，并且对于创业有着自己独到的见解，有多年累积的资源。更为重要的是，行业老二有着其他人无可比拟的闯劲，因为他们往往非常迫切地渴望成功，但是不容易找到合适的机会。当你用心找到适合你的行业二把手，给他们机会一起创业之后，你会发现他们比常人更加珍惜这种机会，会全力以赴地投入工作当中。

在我的经验中，绝大多数行业老二都希望有机会成为老大，而想要成为老大，他就一定会用全力去创业。他们总是希望证明自己，只要给他一个机会，他就会非常努力地去达到目标，所以比较容易被激励。

记得第一次创业时，我首先找到了一位行业内优秀的二把手，顺利搭建了创业的合伙人班子。彼时，我对于手上的创业项目还没有把握，不知道自己正要做的事情是否靠谱，但我内心对于选择一起创业的伙伴人选是非常笃定的。

第二类，"敢死队"成员。这些人的人格非常高尚，如果我们在寻找创业伙伴时发现这类人，一定要想办法留住对方。因为这样的人不计较眼前得失，而是在乎远期利益，更加关注成功之后的荣誉和对社会的价值。对于创业初期的企业，"敢死队"成员型的合作伙伴是我们最应该争取的。

比如，我在从产后恢复项目向网红经济项目转型的时候，就挖掘了一个敢死队成员型的合作伙伴。她在毫无经验和基础的前提下，用一年时间带领团队帮公司签了100个合作达人，协助我迈出了成功转型的第一步，也是最艰难的一步。她在我之后的创业中，也发挥了很大的作用，我们现在也是最牢固的搭档。

第三类，落地执行者。如果你是个善于发现商机的人，那么一定要选择一个落地执行者做你的搭档。这类人也许不太擅长"掌舵"，但是他们做事踏实，沉得住气，耐得住寂寞，往往能够把你天马行空的想法落实到工作当中。

我在一开始做短视频项目的时候，也陷入了困局，因为我完全是冷启动，并没有积累基础的流量和热度，在这部分的业务也没有投入计划，因此三个月时间也没有什么起色。但幸运的是，我遇到了一个非常务实、爱钻研的合作伙伴，他属于"落地执行者"，话很少，但是务实落地，他的到来改变了我的困局。他每天花费大量的时间研究平台玩法和脚本，要知道他并不是专业的文案和编剧从业者，但是和我一起通过不断磨合和改进，做出了无数的爆款视频，成为我这部分业务的关键伙伴。

最后，你在选择合作伙伴一起创业时，一定要找那些与你在资源、性格、思维、行为方式上互补的合伙人。选择合伙人最好跨界，可以试着找你原有行业和圈子之外的人合作，这样可以帮你发现你所在行业看不到的商机，拓宽你的视野，提升正确决策的概率，最终实现弯道超车。

如何选择靠谱的合伙人

事久见人心

我在前文提到过这个概念，在这里，我再次强调一遍：事久见人心。

我曾经在很多场合说，我是信任型人格。所谓信任型人格，就是在和别人打交道的时候，往往会以信任对方为前提。很多人说，我的这个性格总是能让他们感到很温暖，因为在现在的商业环境当中，能获得一个人的信任是很不容易的。

但是，这也曾让我产生了很多苦恼，我甚至被骗过多次。毕竟，生意场是个鱼龙混杂的地方，选择相信别人就必须承担被欺骗的风险。有不少小伙伴在做生意时，遇到过和我相同的问题。

于是，不少老板经常问我："楠姐，我应该怎样选择靠谱的合作伙伴和投资人呢？"我们不得不承认，现实世界是复杂的，我们必须花些工夫选择可靠的人同行。

老话常说"日久见人心"，但我一直很赞同的说法是"事久见人心"。评估一个人是否可靠，不能仅仅通过相处的时间来判断，而要用共同做一件事情来试验。当遇到关乎自身利益的事情时，这个人作出的反应才是最真实的。因此，想要筛选出靠谱的合作伙伴，就必须用利益来检验。

利益是信任的试金石

　　用利益来筛选可靠的合作伙伴其实很简单，只需要从很小的事情就可以作出判断。比如，一个人在饭局结束之后，他是否会主动结账，还是每次都找理由"逃走"？当他吃了点小亏之后，是宽以待人还是锱铢必较？他是更看重长远的价值，还是眼前的利益？从这些事情都能够在很短的时间之内判断出一个人的本性。

　　我在和别人合作的时候，也经常通过一些小的利益点，判断一个人是否值得合作。

　　我曾经和一家技术研发公司合作，合同规定甲乙双方合作的业务利润以51%和49%来分。项目成本由双方根据这个比例共同承担，但是各自团队的人力成本则由各自公司来承担。

　　其中，有一项关于开发的人力成本为13万元。协议签署前对方曾口头承诺，他有团队，这部分可以由他来承担。但是在我们讨论双方合同细节的时候，我发现，对方的合同文本上修改了关于该成本的条款，对方改为需要双方共同承担。

　　我直接将相关条款标出来，问合作方："刘总，我想和您探讨一下关于成本的问题。这13万元的成本，按照之前的约定，应该是由您这边来承担的，但是新修改的这个合同，为什么变成了由双方承担呢？"

　　对方看着合同沉吟了一会儿，说道："楠总，这个合同是按照公司模板走的，这个地方我要和公司法务沟通一下。"合作方这样的回答，说明他当下并不愿意直接承担这13万元的成本。

　　一天后，对方并没有确定之前承诺过由他来承担的这13万元，而是对我说："楠总，我们又重新核算了一下这部分人力成本，将成本压缩到8万元了。"相比于13万元的成本，8万元确实少了很多，但是我依然希望这个成本由对方承担，因为这是他们最初对我的承诺。

　　我对他说："刘总，咱们当时讨论的设计和内容制作成本是双方共同成本，其他的人力成本是由各自承担的，这个方案是有变化吗？我们的合作有变化吗？"如果这个条款发生变化，那么就是对方出尔反尔，也就不值得深入合作。

对方想了想，说："楠总，可能是我理解的问题，我需要再和公司继续沟通一下。"

我说："您千万别介意，咱们沟通好了就行，我还是非常想与您这边合作的，如果为难，您也随时告知我。"

"好的，我再和公司沟通一下，确定好回复您这边。"

"刘总费心了。"

对方最后敲定了："楠总，我就想把这件事情做好，希望双方合作能顺利进行，这8万元的费用由我这边来承担。"

合同谈到这里，我已经基本可以断定，刘总是位值得深入合作的商业伙伴。

其实，这13万元成本对我来说不算多，但我必须用这笔钱来检验对方的本心，对方如果按照最初的承诺承担了这部分成本，则说明他是个可靠的合作伙伴。

找更好的合作伙伴，才能创造更多的利润

在很多商业合作开展前，因为双方共处过的时间是非常短暂的，彼此并不了解，所以，你需要在最短的时间内，把最难堪、最触及利益的事情拿出来，摆在明面上协商，才能看穿对方的本质。

就像两个人谈婚论嫁一样，即使你们已经谈了十年恋爱，也不能保证你选择的这个人能够给你想要的幸福婚姻。也许在结婚之前，和对方签订财产分配协议，反而才能试出对方真正的本心。

而且在生意当中，双方在商讨协议阶段，你也只能检验出对方可靠程度的80%，另外20%需要落在签字上。

我在拟定协议的时候，通常都会将自己的诉求（此前双方口头已确定过）全部都写进去。当签署协议的时候，对方如果找各种理由拖延签约或者在付款条款那里推托，那么就不会再在这个人身上浪费时间，我会去寻找更好的合作伙伴。

商业是讲究效率和价值的活动，如果找本质更好的人，能给你创造出更多利润，为什么还要在一个不靠谱的人身上浪费时间呢？

有时候，因为各种问题，我们也不得不和一些不靠谱的人进行短暂的合作。如果你必须面对一个价值观不同，而且不那么可靠的合作伙伴，我建议你直接向他明说你想要什么，然后谈一个双方都满意的价格，把一切可能引起争议的模糊条款都列出来，白纸黑字，约定得明明白白。在拿到你想要的东西之后，果断离开他结束合作即可，不要在他的身上耗费过多的时间和精力。

如果你从对方提供的财务信息或者合同条款中都无法判断你的合作伙伴是否靠谱，我建议你可以从他曾经的合作伙伴入手，对这个人做背景调查。

举个例子，如果你想和一个人合伙投资办个工厂，但是一时摸不清对方的底细。这时候，你最好去调研他曾经合作过的人，看看这个人在遇到利益冲突的时候是怎么处理的。

我认识一个苏州的老板陆哥，是做相册出口的。在和上一个合伙人合作时，他教会了合伙人如何运营工厂、怎么做电商，同时对接了很多上下游资源，还投入了50万元做启动资金。

然而，那个合伙人在学会了他的技术和认识了一些关键人脉之后，不但把陆哥架空了，还威胁要更多的股份，否则就退股，让整个工厂的资金链断裂，陷入瘫痪。

陆哥为人很朴实，赔钱把股份都转让给了合伙人，自己出来又单独办了个厂。

其实，商圈的口碑从来都是会扩散的，陆哥的做法很快为他赢得了口碑。不仅找他下单的商家越来越多，投资人也很愿意和陆哥合作，因为大家知道，这个人不但讲信用，而且很有格局，把钱交给他，投资人很放心。

反观那位合伙人，占了一时的便宜，但是因为人品和口碑不好，大多数客户和供应商都不愿意再跟他合作了。虽然他的工厂暂时还没倒闭，但也是苦苦地维持着，情况大不如前。

总之，面对利益冲突的时候，最能试验出一个人的本心。有时候，让一步反而能够海阔天空，不但让你的口碑爆表，还能换来更大的发展空间。要知道，凡行过，必有痕迹。你曾经做的事，也许在短期内看起来没有影响，实际上影响着你一生的商业信誉。作为商业信息的调研者，通过观察你即将要合作的人曾经面对利益冲突时的做法，基本能够判断出这个人是否值得合作。

不过，不管用什么方式，都请记住一点：所有的筛选，都要以获得更加长远的利益为目的，同时也要考虑筛选合作伙伴以及商业信息的成本。毕竟，获得更大的发展，才是我们寻求合作的唯一目的。

7

打造 IP：
用"裂变式"的影响力，链接更多人

在自媒体影响力与日俱增的今天，人人都可以打造个人 IP，真正吸引更多人的注意力，与更多人产生链接。

你要做的，是抓住时代的风口，传播自己的稀缺价值，并获取更多的价值。

IP 的本质：心智之争

为什么是鸿星尔克

"请大家理性消费，不需要的小伙伴千万不要买啊！"

"你管不着！鞋不合适我就把脚砍了，也要买！"

"你们卖得太便宜了！能涨价吗？"

看着鸿星尔克直播间里的留言，小伙伴们都惊呆了！

2021年，河南遭遇水灾之后，鸿星尔克捐赠了5000万元的物资，如此大的金额着实震惊了网友。为什么这么说呢？鸿星尔克2020年的营收为28.43亿元，相比于其他品牌，鸿星尔克完全没有存在感，甚至已经被大多数人淡忘了。

鸿星尔克的老板大概做梦都没想到，就是这一善举，给品牌做了一次广告，而且是非常成功的宣传，即使这并非老板的本意。这次捐助是5000万元，可品牌得到的回馈却是无法估量的。

鸿星尔克捐赠5000万元物资事件发酵之后，鸿星尔克登上了微博热搜，当日销售额同比增长超52倍。鸿星尔克在抖音的直播间，也立刻成了"顶流"。

为什么鸿星尔克瞬间成了爆款呢？因为网友觉得，你都要倒闭了还捐了这么多，必须支持你。

我们在惊叹于中国人民的爱心和力量的同时，能从这件事情中得到什么启示呢？为什么寂寂无闻的鸿星尔克，会瞬间成为爆款品牌呢？

我认为有一点原因是不能忽视的，那就是鸿星尔克在这次捐款事件中，立住了品牌的"人设"！它被赋予了爱国、民族企业、正能量、有爱心的标签，从一个普通的运动品牌，成了顶流 IP。

抢夺心智的时代

有人认为，21 世纪是抢夺注意力的时代，但是我觉得这个说法并不准确。注意力的源头是什么呢？是一个人的心智。

心理学家认为，心智是一种能够理解自己以及周围人类的心理状态的能力，这些心理状态包括注意力、情绪、信仰、意图、欲望与知识等。

因此，只有吸引人们的心智，才能真正吸引他们的注意力，并且让其与你建立深度链接。

如何才能吸引人们的心智呢？最好的方法就是取得别人的认同，让你和对方之间形成最大的共识。

请你想一想，为什么特斯拉这款并不完美的电动车，会受到那么多人的追捧，并且让许多人心甘情愿地为这款车买单呢？除了特斯拉本身的产品价值，恐怕更重要的原因是消费者对于特斯拉的创始人马斯克价值观的认同。

"要么死得安然，要么活得绚烂！"马斯克经常挂在嘴边的这句话，说出了很多人的心声，引起了大家的共鸣。所以，即使有一天马斯克不再卖汽车，而是开始卖火星上的泥土，那些与他形成共识的人，依然会给马斯克买单。

打造你自己的 IP

什么可以凝聚人们的心智呢？我认为，在移动互联网时代，打造属于你自己的 IP，是凝聚共识的最佳路径。

打造个人 IP 的本质，就是通过输出特定的内容，塑造属于你自己的独特人设，进一步形成你自己的品牌。

比如乔布斯，他将自己成功打造成了这个世界上最成功的创始人 IP 形象之一。

乔布斯有着独特的人格特质和行为模式：他对产品有着苛刻的要求，极其重视用户体验，有着极高的审美能力，有着强大的控制欲，有着改变世界的梦想，也有着易怒的性格……这些鲜明的特征，也让苹果这个品牌拥有了独特的魅力。可以说，苹果这个 IP 是因乔布斯的个人 IP 而增色的。即使乔布斯卖的不是苹果手机，大概率也会有不少人跟随他，为他买单。

再比如，李子柒将自己田园牧歌式的生活拍成短视频，并且通过输出风格一致的内容，为自己贴上了美食、返璞归真、绿色环保等标签，吸引喜欢相关内容的粉丝群体。

当围绕自己的受众形成了一定规模之后，李子柒就把自己打造成了一个很有号召力的品牌，不管是卖螺蛳粉还是卖水果，都会有人给她买单。

总之，相比于传统的广告推广模式而言，打造个人 IP 的成本更低，粉丝黏度更高，变现周期也更短。可以说，你的 IP 有多大，你的市场就有多大。

在这个抢夺心智的时代，只有会打造个人 IP 的人，才能在商业竞争中占得先机。也只有把握住这一时代风口的人，才能获得更多的价值，与更多的人建立牢固的链接。

我的第二次创业

赚钱的机会，永远在路上

一位伟人曾说："站在岸上，永远学不会游泳。"同理，只看财富故事，永远赚不到钱。有不少朋友对我说："楠姐，你创业好成功啊。我也想做点生意，可是一直找不到合适的项目！""哎呀，现在创业的风险好大呀，有没有稳赚不赔的项目呢？楠姐你给我推荐一个呗，我信你。"

面对这些困惑，我总是会对他们说一句话："请记住，从来就没有什么稳赚不赔的项目，你也不需要一开始就找到完美的项目，所有的机会都在创业的过程当中，你必须先上路！"

不要总是坐在家里等商机，因为最好的商机都是在实践和碰撞甚至几近失败的途中偶然出现的，你必须在创业的路上寻找机会。如果只是抱着隔岸观火或者明哲保身的心态，那么你将永远无法发现商机。

比如，我的第一次创业，就是和影业公司的一位副总一起做儿童观影O2O项目。这个项目虽然不大，但是让我看到了电影分级产生的周边服务和产品中蕴藏的商机。这期间，我发现小朋友们都很喜欢小黄人电影，我们就主动和小黄人这个IP合作，做一些儿童观影现场活动，以及拿到电影专属礼物送给来看电影的小朋友们，我们运作的这个以家庭为单位、集合了亲子和育儿的儿童观影O2O项目在当时看算得上比较成功。

其实，如果不是开启项目早期的活动：将简单的线上买票、线下亲子观影这个商业逻辑及需求落地，我也不会发现影院运营中存在的其他商机。所以，你做前一件事情得到的结果，往往是你后一件事情开始的原因。

赚钱的机会，永远在路上。

画出你的事业蓝图

当你决定创业，并且认为自己已经做好了创业的心理准备之后，接下来，我建议你要想清楚你想要的是什么。

很多年轻人一毕业就想要自己开公司，好像开公司是一件很简单的事情。要知道，毕业之后就创业的失败率很高，先进入别人的公司成长一段时间，然后再出来创业，是更好的选择。

你如果去大公司工作，可以锻炼你人际交往的能力、商业闭环落地及转化能力，承接积累公司的资源和人脉，为你的创业做好准备。如果你选择去小公司工作，则可以全方位锻炼创业时需要的能力。

例如，我的一个程序员朋友在BAT这类大公司里面可以赚到高薪，但是，这时一个老板拉他去小公司创业，他应该如何选择呢？

他先分析了自己的能力、年龄，以及性格特点，并且大致计算了创业小公司能给他带来的薪资、机会，以及工作能力的提升。

在全面的评估之后，他认为现在去小公司创业，并不能给他带来超过现在的收益，而且面临着许多风险，即使这次创业成功，也还是在自己这个圈子里做原来的事情，没有本质上的突破。因此，他果断拒绝了那个老板的创业邀请，决定等待更好的机会。

有些年轻人之所以创业失败，并非自身能力的问题，而是在创业之前没有做好规划。我在一次演讲中，曾经问20多个青年创业者，他们对未来的创业规划是什么。

这 20 多个人当中，只有一个人大致回答出了创业的阶段性规划。其他人则是头脑中冒出一个想法之后，就马上开始行动，都是抱着走一步看一步的心态在创业。这种头脑一热就创业的做法，看似很有行动力，实际上很容易遭遇失败。

在开始创业之前，你必须做好规划，对自己有个综合判断，画出自己的创业蓝图。

你可以用这个"创业公式"，从以下四个维度，为自己的创业做出规划。

第一个维度：分析你的人生阶段

比如，你是刚刚毕业的年轻人，还是在职场打拼多年的老员工？你自己是否真的已经到了需要创业的时间节点和找到了契合的合伙人？还是仅仅想换个环境，尝试一种全新的生活？

你仅仅是想尝试一种全新的生活，我建议你可以请个长假去旅行，而不是选择创业。毕竟创业不是请客吃饭，你必须做好面对痛苦和焦虑的准备，才可能创业成功。

第二个维度：考虑你的自身条件

如果你有家庭，你的创业是否会影响你的生活？如果你的创业不会影响你的生活，你才可以去创业。相反，即使有再好的创业机会，我也不建议你去创业。

因为生存永远是第一要务，当你的生活可能因为创业失败而无法继续时，那就应该果断放弃创业的念头。我们要能预测及接受创业带给我们的最坏结果。

第三个维度：发现适合你的机遇

并不是所有的创业项目都适合你，在发现创业机遇之后，你还需要对机遇进行判断。比如，我的一个朋友大东曾经是一家国企的技术负责人，在他决定辞职创业时，有两个创业机会摆在他面前。

一个是继续做和技术相关的项目，而另一个则是做和写作相关的知识付费项目。朋友放弃了自己做了十多年的技术项目，而选择了做知识付费。

很多人不理解他的选择，而他却认为，知识付费才是风口，而且自己从小喜欢写作，这个项目更适合自己。

在创业做知识付费项目一年之后，他有了自己的线上社群，虽然规模不大，但是社群用户黏性很高。不到两年，他的收入就翻了 10 倍，而且成了小有名气的写作讲师。他出版的写作类畅销书，在网上刚刚开卖一天，就卖断货了。

现在，他是一家文化类公司的创始人。

可见，并不存在什么完美的创业机遇，适合你的机遇，才是最好的机遇。

第四个维度：随时修正你的行动

既然你选择了创业，那就简单地去做，而不要复杂地去想。但是，创业并非一条道跑到黑，创业本身也是不断修正的过程。

例如，我在做产后恢复 O2O 项目一段时间之后，发现这个项目已经到了瓶颈期，因为我做的是线上下单、线下上门服务的模式，这意味着有极大的地域局限性。因此，很难在除北京以外的城市迅速发展和扩张，此外跳单和收入模型单一，使得我并没有选择继续坚持下去，而是找到新的商机，马上转型做 MCN 公司。

创业环境瞬息万变，新政策、新商业模式、新平台、新产品、新技术的出现，有可能全面改变你项目的前景。所以你的行动，必须根据外部环境的变化而不断修正。

有些创业失败的人，并非不能坚持到底，而是在创业的过程中缺少变通。成功的创业者不仅要有高山一般的坚定，更要有流水一样的灵活、包容和睿智。随着外部环境的变化，而改变自己的商业模式和创业方向，在多变的环境中，找到自己的财富通途。

完美的项目存在吗

很多人迟迟不敢上路，很大程度上在于，他们总想找个完美的项目，再找个完美的合作伙伴。

有一次我和商学院的几个同学喝茶，聊得开心的时候，一个小伙子突然说道："家里给我介绍了好几个女朋友，怎么就没有一个感觉合适的呢！"

我好奇地问："那你觉得什么样的女孩合适呢？"

小伙子想了想说道："我也没有太高的要求，身高最好 1 米 70 以上，长得要漂亮一点，而且有事业心，脾气必须好，人要很温柔。"

同学们听完他的描述，异口同声地说道："那你可能会一直单身。"

完美的女性是不存在的，每个人都有缺点。能力强的女性不一定温柔，漂亮的女性不一定会做家务，勤俭持家的女性不一定漂亮。想要各个方面都完美的老婆，那只能在梦里寻找。

普通人选择创业和选择伴侣是一个道理。创业不适合所有人，因为创业充满了挑战和未知、痛苦和焦虑。没有任何一个行业，也没有任何一个项目是完全无缝对接、没有丝毫风险的。

你选择创业，就必须做好承担风险，甚至做好血本无归的准备。这一点，我深有体会。

一个人的创业

2018 年，我的事业遭受了重大危机。因为我之前的业务阵地主要集中在一款以女性为主的中长视频 App 上，而当时这款 App 的活跃用户减少了 56%，股价暴跌 17%。大量网红转移到其他平台，这也使得我经营的 MCN 公司受到了很大的冲击。

这让我必须考虑转型，必须要将业务从做中长视频的平台转移到其他短视频的平台上，重新开始。那时，抖音正处于方兴未艾的阶段，我在全面分析了抖音的数据之后，决定带着旗下所有合作的达人转战抖音。

但是，因为团队及达人都缺乏策划及运营短视频的经验，所以转战到抖音之后，旗下大部分达人都水土不服，没有做起来，达人和团队之间为此也互相埋怨。

经过苦思冥想之后，我决定亲自下场当网红博主，想用自己的成功和经验做案例，为其他人蹚出一条做短视频的路。

我记得当我在公司的会议上提出这个想法之后，会议的表决结果竟是 0 票赞成，56 票反对。但是我的决心已定，于是带着唯一一个想要试试看的员工开始运营抖音账号。

结果，我在做了 3 个月之后，抖音账号的粉丝一直停留在 3 万，播放量迟迟上不去。在这期间，我换了三种短视频风格，包括搞笑风格、励志风格、生活 Vlog 风格。

然而，这些短视频的风格都不适合我以及当时的抖音平台，很多作品也与其他竞品雷同，这时，那个唯一跟着我试试看的员工也提出了离职申请。经过无数次的打击之后，我甚至产生了放弃的念头。

我是如何找到突破口的

正当我萌生退意的时候，我迎来了以下两个突破口。

第一个突破口：一个核心人物的出现改变了整个局面。

短视频团队中的核心人物必须具备以下特点：首先要有两个"善于"，即善于研究和善于总结。这个核心人物看到我开始做短视频账号后，背着我研究了3个月抖音，每天研究6个小时以上的短视频内容，总结抖音平台打法和适合我的人设及内容形式。

此外，核心人物还必须有两个"了解"，即了解抖音和了解抖音UP主本人的高光特质。而且要有两个"明确"，也就是明确短视频的目标群体以及明确短视频内容的制作思路。我的核心人物在3个月内拆解了爆款视频上千个，可以说是完全掌握了抖音短视频的底层逻辑。

这个核心人物也必须是我的合伙人，因为只有合伙人才能花费这么多时间和精力为我研究短视频，打工人是做不到的。

第二个突破口：我的内容出现了关键突破点。

那时，电影《八佰》的主演之一王千源，为了宣传电影拍了个抖音短视频，他一个人对着镜头，视频外还有一个人跟他对话，如下。

王千源："对方多少人？"

旁白："30万。"

王千源："我们多少人？"

旁白："800。"

王千源："揍他！"

这个视频在抖音推出之后立刻爆火，我的合伙人看到这个视频之后，立即模仿该视频形式，创作出了首个"三句半"形式的爆款视频，如下。

客户已经到了，就在会议室。

我："对方出价多少？"

旁白："30万元。"

我："我们的利润呢？"

旁白："800元。"

我:"办他。"

正是通过这条短视频，我的抖音账号内容确立了新风格。我的每条视频都贯穿了接地气、霸气女老板风格，视频一镜到底；并且，视频调性要飒、要短、要带感。这样，我通过这一系列的视频，树立了适合我的女强人的人设。

"三句半"文案，让我找到了内容的突破口，同时也找到了新的短视频创作方向。我的短视频台词往往都很精练，这样是为了提高完播率，也是为了用最凝练的信息去打动别人。

而我的短视频的基本内容框架也开始形成，它包括我的眼神和表情的细节，比如用眼神抓人，用表情和神态展现个人魅力。此外，视频总体的音乐节奏也使用时下热门的音乐，结尾留 slomo 加深定场印象等方法，都为我以后的视频定下了基调。我的账号在 15 天的时间，迅速突破了百万粉丝，终于迎来了第一波涨粉高峰。

用内容吸引大众，打破流量天花板

当我的抖音粉丝突破百万之后，我的视频播放量和粉丝数量却陷入了长时间的停滞状态。不管再创作和投放多少同类型的视频，我的粉丝数量始终没有提升。

我静下心来仔细分析原因之后发现，抖音粉丝都是呈螺旋式增长的，一个内容模式达到顶峰之后就会停滞。抖音平台也是通过这样的方式，迫使你创作新内容。

而且，我的内容被全网模仿，三句半的视频脚本被许多账号复制。比如，一个做装饰工程的小老板每天翻拍几乎和我一模一样的视频，通过抄袭的方式很快也收获了近百万粉丝，有些视频播放量竟然比我的还高。

视频如下。

旁白："王总您朋友发微信来，要求咱们的设计总监全程服务！"
老板："可以啊！"
旁白："还要求免费送货、上楼、安装、保洁，赠送全套家电。"
老板："停，报价利润有多少？"
旁白："10%。"
老板："拉黑吧！"

就在抖音平台的运营规律以及全网抄袭而导致的相同内容过剩的现象之下，我的账号在维持200多万粉丝后3个月没有增长新的粉丝，视频数据也开始呈整体断崖式下滑。这些问题的出现，让我必须转型才能应对危机。

面对危机，我从以下两个方面入手，对视频做了转型调整。

其一，深挖人设，保持内容定位。

我的视频除了以自己和客户谈生意为主创内容，还创作了很多以沟通、人际关系、人情世故、员工关怀等为主题的视频。

例如以下视频。

男：楠姐，我来跟您告别。

楠姐：都准备好了？

男：嗯，谢谢楠姐这些年的栽培，送我几句话吧！

楠姐：在外闯荡，这几句话记在心里：人际关系的好坏，不在于你怎么对待别人，而在于你自身，只有强者，才能获得尊重和宽容；不要太单纯，要学会适当伪装自己，千万不要相信任何人，更不要亮出你的底牌，一旦别人觉得你没用，翻脸会比翻书还快，记住了别人不了解你，是不会欺负你的；凡事要留后路，学会稳中求胜，做任何事情之前都要想得长远一点，学会感恩帮助你的人。

男：记住了，楠姐。

楠姐：在你没成功前，你一直会很孤独（稍停顿一下），挺过去！

这个视频的内容虽然保持了我女老板的固有人设，但是内容已经变成了前辈对后辈的指导，给人非常温馨的感觉，挖掘出了女老板人设的不同侧面。

其二，多元输出，调整内容结构。

我的视频在选题、场景、文案方面都做了调整，让视频输出变得更加多元化，人设也更加有立体感和亲和力。

例如：车内场景。

楠姐：您的公司前面就到了，我就不送您了。
男：好，刚才吃饭你一句正事也没谈。
楠姐：您够忙了，出来吃饭就放松一下吧。
男：项目二期已经开始了，你想做吧？
楠姐：有机会吗？
男：一期是你做的，这算是个优势，但是二期还是按招标来。
楠姐：明白，我努力。
男：这次对技术要求很高，明天下午刘总工会来我办公室汇报，你带着资料也过来吧，要是能碰见，我给你引荐一下。
楠姐：好嘞，一定到！
男：行了，我走了。
楠姐：您费心了，明天见。

这次转型之后的视频不飙了，并且增加了技巧和为人处世的智慧。但是人设没有改变，说话慢、有眼神、有智慧的人物形象是不变的。内容没有直接给出，而是需要反复多次观看和细品才能悟出其中的道理和为人处世的智慧，更加耐人寻味。

其三，立足于真实的场景，输出干货。

我把我在日常谈生意、社交、管理中的经验和策略，融入了短视频中，抱着"利他"的心态，希望能让刷到视频的观众受到启发。

此外，短视频中的这些故事都不是凭空编造的，而是我和我身边朋友真实经历过的，因为只有真实的，才是能够触动人心的。当然，为了便于观众理解，我们对视频中的角色和场景进行了适当的调整，让整个视频更直接、更简洁。

例如这个短视频。

小畅：楠姐，今天的谈判给我讲讲吧。

楠姐：随便说几个细节吧。当对方说到"我觉得"，表明他很强势，要先肯定他的观点，顺着他，再绕到咱们的方案上；看到他靠到椅子背上，这时候一定要加快节奏，不要一直停留在当下的话题上，因为他不耐烦了；当他凑近听你讲时，这时候一定要注意，因为他感兴趣的来了；当对方说"钱不是问题，只要……"，这时你千万不要相信，到最后他们永远关心的是价格，该优惠还是要优惠。

楠姐：当然，这只是其中几个细节，总之，一定要学会察言观色！

小畅：唉，做个项目可真难啊……

楠姐：多失败几次就好了！

以上视频中有大量的"干货"，可以让观众在刷抖音的同时，短时间内学到实用的知识。

内容转型之后，我创作视频的整体模式也发生了根本改变。为了打破抖音的流量天花板，我改用"挖掘爆款模型—复制模型—增加更频"的模式，开始了整体的视频运营。

在流量上升期，我拍摄了大量结构和模式不完全相似的视频，并且通过视频日更小步快速迭代，尽可能防止由于别人抄袭而导致内容过剩从而失去平台的推送。大部分博主的涨粉和流量曲线都呈抛物线，而我选择在这条抛物线向上的时候，就提前开始进行下一阶段视频内容的转型，而不会再等到抛物线向下的时候才去做被动转型。

这次转型之后，在45天之内，我的粉丝从200万涨到了500万。通过这次转型我明白了，在抖音上必须用变化和好的内容，用真实的故事和有价值的分享来涨粉和吸引流量。要不断迭代自己的短视频内容模式，才能在抖音的大环境下生存下去。

打造个人 IP 的方法

总结我走过的弯路，通过短视频打造个人 IP，并非在短视频创作的过程当中才思考个人 IP 的打造方向，而是在做短视频之前，就要明确自己的人设和定位。

那么，如何打造个人 IP 呢？我认为应当从以下三个维度做好规划。

第一，人设与变现匹配

账号与自身商业价值匹配，是打造人设的重中之重。在做抖音账号之前，我们就必须立好人设，人设和变现在第一步就要匹配。

人设分为涨粉向和变现向。

涨粉向，涨粉会很快，但是变现不一定快。比如，影视类、娱乐类账号涨粉快，但是变现慢。

变现向，涨粉不一定快，变现会很快，即使 30 万粉丝也很容易变现，只要你能拿出自己的特点、价值、资源，会有很多人为你买单。变现向的账号很多都比几百万甚至几千万粉丝账号的变现能力强，因为你一开始就精准了内容和人群。人与人归根结底是价值吸引，因此，我建议你选择变现向。

粉丝量与变现价值是不成正比的，很多 2000 万、3000 万粉丝的博主都变现困难。企业类、销售类、知识类账号，虽然涨粉慢，但是变现快。我做的账号类型属于商业 IP 类账号，强人设，用场景分享知识，这类账号涨粉快，变现也相对快，我会选择向变现向的创作思路靠拢来运营账号内容。

第二，找到自身的特点

你如果想打造自己的人设，找到自身的特点是重中之重。你可以从自己的特点出发，找到自己擅长的方向。

比如，除了颜值、身材，还有资源、知识、专业、技能等。你可以从这些方面找到你突出的地方，找到你和竞品的差异。

你只有找到自身的特点，创作才能不断持续，且内容的受众才可能更加精准。在找到视频的定位、纵向积累精准粉丝之后，再横向广泛吸引粉丝，才能实现流量的持续增长。

第三，找到自身的差异化

自身的差异化，包括 IP 差异化以及形式差异化。

IP 差异化，是人设、内容、价值观本身的差异化。我在刚开始做视频时，全平台拍视频的女老板并不多。已有女老板的视频风格，也主要以端庄、睿智、表达自我为主，缺少以飒、爽、带感、传播谈生意的经验技巧为特点的女老板人设，所以我设定了与她们不同的人设风格，实现了 IP 的差异化。

形式差异化，是行为、动作、道具、场景、情绪等形式方面的差异，但整体的风格还是要带有鲜明的记忆点。比如，我的视频内容虽然经过多次转型，但是视频形式始终保持了"一镜到底 + 楠姐一人出境 + 内容共鸣有爽点+原创"的形式,让大家产生了深刻的印象,也不容易被其他人模仿和取代。

比如,我的眼神杀、短发形象始终没有改变,因为这是我与其他竞品的显著差异。又如,我视频的背景没有高大上的老板桌,而是一面白墙,上面是我儿子的画作,这是我与其他同类型视频的细节差异,我想体现亲和、零距离。

找到自身的差异化,创作原创视频,对打造IP非常重要。你在第一阶段可以套用别人的爆款视频,但是第二阶段转型时,必须找到自己的鲜明人设和原创内容,才能做出你自己的视频,形成属于你自己的IP。

如何持续输出爆款内容

如何持续输出爆款内容，是每个做短视频的小伙伴都面临的问题。要解决这个问题，可以试试以下三个方法。

一、阶段性固定脚本模型

阶段性固定脚本模型，是指在同一个流量上升周期之内，拍摄的视频内容要尽可能保持一致。比如，视频的时长一致，脚本格式一致，干货、"梗"、画面、场景、服装风格一致，音乐风格一致等。

这是短视频运营可以着重去遵循的商业逻辑，如果在同一个流量上升周期之内，突然改变脚本模式，那么就很可能造成账号流量的最大限度的获取缺失，错过这一阶段的涨粉热度。

说个例子。我尝试过用同样的一段视频脚本进行多次拍摄，只是换了件衣服，结果这些视频的播放量都在 3000 万以上。这充分说明，好的内容脚本模型，始终能抓住全网爆款视频的推荐机制，也就说明了为什么很多账号通过抄袭别人的爆款视频也可以快速涨粉。但这种做法在同一账号基于已有粉丝的体验上会很不友好，我们不能这么做。

因此，正确的做法是，当你找到符合现阶段流量机制的固定脚本模型之后，既要保持脚本模型结构不变，又要适当改变内容和文案，并通过持续输出、加大更频、质量优化相同结构的视频，最大限度地抓住流量上升期间的热度。

二、内容形式的合理转换

抖音平台有自己的流量曲线规律，这导致我们在做视频的时候都会遇到流量天花板。所以，当同一类视频做到顶端之后，我们就要考虑内容和形式的转变。

对于转型，我建议你可以按照以下三个阶段进行转变。

第一阶段：为粉丝提供内容或剧情爽点，这样既可以吸引流量、引起共鸣，也能够提高完播率。

例如：

餐厅包间，一大桌子点好的饭菜，楠姐一直在等待对方。

畅：楠姐，张总刚才打电话，他今天又来不了了。

楠姐：原因呢？

畅：嗯……他说外面下雨了……

楠姐放下手机面带微笑，示意畅：坐下来，咱们吃。

畅：啊，那……张总呢？

楠姐倒酒，抬头微笑：拉黑吧！

视频发布文案：尊重是一个人的修养，我选择和有修养的人合作！

第二阶段：持续增加知识、技能、观点、经验的输出。这样可以提升视频的点赞（收藏）率、评论率，视频中的干货也可以让粉丝进行深入思考。

例如：

小畅：楠姐，这个合同您看一下，没问题就签了。

楠姐翻开合同看了一眼：和肖总的合作啊。

小畅：嗯。

楠姐：看来上次肖总对我们的服务很满意啊。

小畅：是的。

楠姐：既然是这样，为什么余款迟迟不付呢？

小畅：肖总是咱们的大客户，这不又有新的项目，所以我们也不太敢催。

楠姐：做生意是为了给公司挣钱，目前我们从肖总那里挣到了吗？

小畅：还没有。

楠姐把合同递给小畅：所以先去把钱收回来。

小畅：那这个项目不做了？

楠姐：做。

小畅：那……

楠姐：跟肖总说，我们需要他的尾款启动新的项目。

小畅：会不会得罪肖总？

楠姐：这个月，你的工资先扣了。

小畅：这……为啥啊？

楠姐：你怎么不怕得罪我？

小畅：哦，明白了，我去办！

楠姐：记住，强扭的瓜不甜。

这个视频中暗含着大量的谈生意、为人处世的道理和方法，可以给观众以新的启发。当然，这些道理也都是我自己多年经商以来最真实的体会，我相信它们真的能帮到大家。

第三阶段：找到你与粉丝的情感共鸣。

比如，我在吸引了同类型的粉丝之后，也可以在内容里说说情感、亲子教育等。这样不仅能提升视频的转发率，也能够增加新类型的粉丝、增强粉丝黏性，与流量之间形成更多维度、更深度的链接。

例如：

楠姐整理文件夹给员工：除了第三条改一下，其他没问题。

女员工：好的，那我就先撤了。

楠姐：我也马上完事了，我送你吧。

女员工：不用，楠姐。

楠姐：顺路嘛，怕什么？

女员工：嗯……有人来接我。

楠姐：谈男朋友了？

女员工：刚接触。

楠姐：怎么样呀？

女员工：不太符合我的择偶标准，不过对我挺好的。

楠姐：你们这些孩子，就爱定标准。

女员工：楠姐，你以前就没有择偶标准吗？

楠姐笑：也有。

女员工：那姐夫全符合呗？

楠姐：不呀。

女员工：那为什么……

楠姐：因为……标准全忘了。

总结一下：每次短视频转型都要注意，你的人设要与商业价值匹配。固定的脚本模型在不同阶段要及时迭代，每次迭代都会吸引新粉丝。在创作短视频的同时，还必须研究平台的玩法，洞察热点，比别人更快抓住商机。

最重要的一点也是第三个方法，就是要始终保持空杯心态，戒骄戒躁。既不必妄自菲薄，也要避免路径依赖；要不断尝试和总结，找到最适合你的模式。因为只有适合你的，才是最好的。

写在最后：我的成绩，你可以复制

短视频平台在变化，商业机会在变化，时代也在变化，我们只有去学习新的东西，才不会被时代抛弃。我常说，要简单地去做，不要复杂地去想。

从 0 到全网 1000 万以上粉丝的"网红"企业家，我走过了一条充满艰辛但是别样精彩的道路；从一个孕期挺着大肚子开始连续多次创业的创业者，到成为企业估值过亿的创始人，我深知我能做到的，你同样可以做到。

感谢你能翻开这本书。

希望所有的读者在读完这本书之后，能放下眼前的焦虑，找到新的方向。希望你的人生如江河一般一往无前，冲破一切艰难险阻，奔流入海，成就自己的人生。